SCHRIFTENREIHE
DER INSTITUTE FÜR MATHEMATIK

BEI DER DEUTSCHEN AKADEMIE DER WISSENSCHAFTEN
ZU BERLIN

In der Schriftenreihe sind bisher erschienen:

Heft 1: Der Begriff des Raumes in der Geometrie — Bericht von der Riemann-Tagung des Forschungsinstituts für Mathematik. *Mit Beiträgen von 28 Autoren, herausgegeben von* J. Naas *und* K. Schröder.

Heft 2: Lösung der allgemeinen Randwertprobleme für eindimensionale gedämpfte Wellen bei harmonischem Zeitgesetz *von* Karl Borkmann und Siegfried Oberländer.

Heft 3: Die eindeutige Bestimmung allgemeiner konvexer Flächen *von* A. W. Pogorelow.

Heft 4: Bemerkungen über die Stabilitätsuntersuchungen der Wirbelstraßen *von* Bl. Dolaptschiew.

Heft 5: Die Verbiegung konvexer Flächen *von* A. W. Pogorelow.

Heft 6: Einführung in die Theorie stationärer Zufallsfunktionen *v.* A. M. Jaglom.

Heft 7: Tabellen von Exponentialfunktionen und -Integralen zur Anwendung auf Gebieten der Thermodynamik, Halbleitertheorie und Gaskinetik *von* Siegfried Oberländer.

Heft 8: Konstruktion ganzer, rationaler und reeller Ordinalzahlen und die diskontinuierliche Struktur der transfiniten reellen Zahlenräume *von* Dieter Klaua.

Heft 9: Über eine Bewertungstheorie der Algebren und ihre Bedeutung für die Arithmetik *von* Herbert Benz.

Heft 10: Qualitative Methoden beim n-Körperproblem der Himmelsmechanik *von* H. F. Chilmi.

Heft 11: Gravitative Stoßwellen. Nichtanalytische Wellenlösungen der Einsteinschen Gravitationsgleichungen *von* H. Treder.

Heft 12: Verallgemeinerte vollkommene Folgenräume *von* Ablrecht Pietsch.

Heft 13: Bericht von der Dirichlet-Tagung. *Mit Beiträgen von 11 Autoren, herausgegeben von* Hans Reichardt.

Heft 1—7 erschienen innerhalb der Schriftenreihe des Forschungsinstituts für Mathematik bei der Deutschen Akademie der Wissenschaften zu Berlin

Bericht von der Dirichlet-Tagung

HEFT 13 DER SCHRIFTENREIHE
DER INSTITUTE FÜR MATHEMATIK

BERICHT
VON DER DIRICHLET-TAGUNG

Herausgegeben von

Prof. Dr. HANS REICHARDT

Mit 4 Abbildungen

AKADEMIE-VERLAG · BERLIN

1963

Manuskript-Eingang im Verlag: 23. 8. 1962
Institut für Reine Mathematik, Berlin-Adlershof, Rudower Chaussee 116—125
Erschienen im Akademie-Verlag GmbH, Berlin W 8, Leipziger Straße 3—4

Lizenznummer: 202 · 100/470/63
Gesamtherstellung: VEB Druckerei „Thomas Müntzer“ Bad Langensalza
Bestellnummer: 2069/13 · ES 19 B 2 · Preis: DM 17,—

INHALTSVERZEICHNIS

Ansprache von Prof. Dr. W. Hartke, Präsident der Deutschen Akademie der Wissenschaften zu Berlin 1

Kurt Schröder, Dirichlets Leistungen auf dem Gebiet der Analysis und der Mechanik 3

Hans Reichardt, Über Dirichlets zahlentheoretische Arbeiten 13

Arnaud Denjoy, Les systèmes d'équations différentielles périodiques 23

B. Delaunay, Theorie der regulären Dirichletschen Zerlegungen des n-dimensionalen euklidischen Raumes 27

M. Brelot, Über einige Begriffe der modernen axiomatischen Potentialtheorie . . 33

Herbert Beckert, Bemerkungen über die Lösungen des Dirichletschen Problems bei linearen elliptischen Differentialgleichungen 39

Werner Schmeidler, Die Navier-Stokesschen Differentialgleichungen für zähe Flüssigkeiten als System quadratischer Integralgleichungen 45

O. Borůvka, Über einige Ergebnisse aus der Theorie der linearen Differentialtransformationen 2. Ordnung 51

Helmut Hasse, Der 2^n-te Potenzcharakter von 2 im Körper der 2^n-ten Einheitswurzeln 59

Paul Turán, Untersuchungen über Dirichlet-Polynome 71

I. R. Schafarewitsch, Einige Anwendungen der Galoisschen Theorie auf Diophantische Gleichungen 81

VORWORT

Die Mathematischen Institute der Deutschen Akademie der Wissenschaften und der Humboldt-Universität zu Berlin veranstalteten anläßlich der 100-jährigen Wiederkehr des Todestages ihres Mitgliedes G. LEJEUNE DIRICHLET (* 13. 2. 1805, † 5. 5. 1859) in der Zeit vom 22.—24. 6. 1959 eine Gedenktagung. In dem vorliegenden Heft ist nun der Inhalt der Vorträge wiedergegeben, die von Mathematikern des In- und Auslandes teils über das mathematische Lebenswerk von DIRICHLET selbst, teils über eigene, sich mehr oder weniger eng an DIRICHLETS Arbeiten anschließenden Untersuchungen gehalten haben.

Leider haben sich gewisse ungünstige Umstände auf die Drucklegung dieses Berichtes verzögernd ausgewirkt. Es ist aber anzunehmen, daß die Wiedergabe der Vorträge trotzdem einen Abglanz von der Harmonie vermittelt, in der die DIRICHLET-Tagung damals verlaufen ist.

H. REICHARDT

Ansprache von Prof. Dr. W. Hartke, Präsident der Deutschen Akademie der Wissenschaften zu Berlin

Hochverehrte Gäste,
meine Herren Kollegen,
sehr verehrte Damen und Herren!

Mehrere Anlässe bestehen im Jahre 1959, Zentenarfeiern zum Gedenken an Ereignisse zu begehen, die für unsere Akademie und die Wissenschaft wichtig sind.

100 Jahre trennen uns von der Entdeckung der Spektralanalyse durch Robert Bunsen und Gustav Robert Kirchhoff.
Vor einhundert Jahren starb Karl Ritter, der die Geographie auf den Weg führte, auf dem sie, wie Harnack es ausdrückte, „aus einem wüsten Haufen von Kenntnissen zur Wissenschaft" wird,
und einhundert Jahre sind seit dem Tode Alexander von Humboldts und des ihm ebenso wie Ritter eng befreundeten großen Mathematikers Johann Peter Gustav Lejeune Dirichlet vergangen.

Als wir kürzlich hier Alexander von Humboldts gedachten, wurde auch schon die mehr indirekte Seite seiner Wirksamkeit erwähnt: der fördernde Einfluß, den er auf ungezählte jüngere kongeniale Wissenschaftler ausgeübt hat. 1849 sagte Humboldt selbst:

> „Bald abtretend aus einem vielbewegten, arbeitsamen Leben, glaube ich, als Gelehrter eine Pflicht zu erfüllen, wenn ich für die spreche, die in Astronomie, Physik, Chemie, Mathematik zugleich durch eminentes Talent und durch Lehrthätigkeit den alten Ruhm deutschen Wissens zu erhalten und zu erneuern verheißen. Frische neue, wohlgerichtete Kräfte sind in der Zeit, in die wir getreten, die ich herbeigewünscht und an der ich nicht verzweifle, mehr als je nöthig."

Unter den jungen Genies, die Humboldt frühzeitig, man darf wohl beinahe sagen, entdeckt hat, denen er den Weg geebnet, die er beraten, unterstützt, gefördert und beschützt hat, denen er väterlichen Zuspruch und materielle Hilfe angedeihen ließ, nimmt Dirichlet einen besonderen Platz ein. 34 Jahre waren beide Männer eng befreundet; vom Tage der Bekanntschaft des damals zwanzigjährigen unbekannten und mittellosen Mathematikers mit dem schon weltberühmten sechsundfünfzigjährigen Naturforscher im Sommer 1825 bis zu ihrem Tode, der Dirichlet einen Tag vor seinem Protektor ereilte, hat nie ein Mißverständnis ihr enges Verhältnis getrübt. Ja, Dirichlet verdankte dem fürsorglichen Freund sogar die Bekanntschaft mit seiner späteren Frau, Rebecka Mendelssohn-Bartholdy, der Schwester des Komponisten Felix. Unsere Akademie besitzt als kostbares Vermächtnis Dirichlets 85 Briefe, die ihm Hum-

BOLDT im Verlauf von 30 Jahren geschrieben hat und die er sorgfältig aufbewahrte. Aus ihnen geht hervor, wie nahe sie sich gestanden haben und was DIRICHLET HUMBOLDT nicht zuletzt gegen manche Widerwärtigkeiten, denen DIRICHLET in Breslau und Berlin begegnete, verdankte. Sie zeigen aber auch, daß HUMBOLDT den mathematischen Rat seines Freundes wohl zu schätzen wußte. Es ist nicht meines Amtes, die fachlichen Leistungen DIRICHLETS hier zu würdigen. Aber ich darf sagen, daß HUMBOLDT bereits klar erkannte, wie DIRICHLET unserer Akademie, in die er 1832 als ordentliches Mitglied aufgenommen wurde, den mathematischen Glanz wiedergewonnen hat, den ihr LEIBNIZ, EULER und LAGRANGE verliehen hatten, und der ihr durch Mathematiker wie JACOBI, KUMMER, WEIERSTRASS, KRONECKER und ERHARD SCHMIDT, dem es sein Gesundheitszustand leider nicht erlaubt, heute unter uns zu weilen, bis auf den heutigen Tag erhalten geblieben ist.

DIRICHLET, neben GAUSS, CAUCHY und JACOBI der größte Mathematiker seiner Zeit, berühmt durch mathematische Entdeckungen größter Tragweite, durch die Begründung eines modernen Vorlesungstypus und vor allem durch seine die mathematische Neuzeit einleitende Denkweise, „mit einem Minimum an blinder Rechnung, einem Maximum an sehenden Gedanken die Probleme zu zwingen" — um mich der würdigenden Worte von MINKOWSKI zu bedienen —, DIRICHLET, sage ich, hat unserer Akademie die tiefsten seiner Arbeiten als „Juwele" dargebracht, er hat als ein Mann edlen Charakters auch auf das akademische Leben einen nachhaltigen Einfluß ausgeübt, er hat der Akademie BORCHARDT, KUMMER, seinen späteren Nachfolger im Lehramt an der Berliner Universität und der Kriegsschule und, gemeinsam mit CRELLE, STEINER zugeführt, er hat HUMBOLDTS und GAUSS Schützling EISENSTEIN den Weg in die Akademie gebahnt, er hat, was sein Freund KUMMER in der Gedächtnisrede 1860 hervorhob, durch seine Liebe zu reiner und vollkommen sicherer von metaphysischer Spekulation freier Wahrheit das Ideal mitgeprägt, das wir auch heute in der Akademie zu verwirklichen trachten.

So war es unserer Akademie eine ehrenvolle Verpflichtung, des hervorragenden Mathematikers und Menschen DIRICHLET in einer Feierstunde und durch ein anschließendes Kolloquium zu gedenken, die ich hierdurch eröffnen darf.

Besonders herzlich begrüße ich hierbei die Herren Professoren DENJOY und BRELOT aus Paris als Vertreter der Stadt, in der DIRICHLET seine mathematische Bildung empfangen hat, und des Landes, aus dem sein Großvater, der Tuchfabrikant ANTON LEJEUNE DIRICHLET, 1753 ins Rheinland nach Düren gezogen ist.

Ich begrüße ferner aus der Sowjetunion die Akademiker B. N. DELAUNAY und I. N. SCHAFAREWITSCH, aus der Tschechoslowakei den Akademiker O. BORŮVKA, aus Ungarn den Akademiker P. TURÁN, aus der Bundesrepublik unser Ehrenmitglied Hrn. BLASCHKE und unser ordentliches Mitglied Hrn. HASSE sowie Herrn Prof. Dr. W. SCHMEIDLER, TU Berlin.

Schließlich ist es mir ein aufrichtiges Bedürfnis, dem anschließenden Kolloquium einen erfolgreichen Verlauf zu wünschen. Kaum bedarf es eines solchen Wunsches, denn die klangvollen Namen, die wir auf der Teilnehmerliste erblicken, bürgen von vornherein für einen glänzenden Erfolg der Veranstaltung zum Gedenken an unser hervorragendes Mitglied LEJEUNE DIRICHLET.

DIRICHLETS Leistungen auf dem Gebiet der Analysis und der Mechanik

Von KURT SCHRÖDER (Berlin)

Herr Präsident, hochansehnliche Festversammlung!

Wir gedenken heute des 100. Todestages des hervorragenden Mitgliedes unserer Akademie und Professors der Berliner Universität

PETER LEJEUNE DIRICHLET,

der am 5. Mai 1859 in Göttingen starb. 1831 wurde er zum Mitglied der Akademie gewählt. Nach den glänzenden Zeiten von LEIBNIZ und EULER verhalf er im vorigen Jahrhundert zusammen mit JACOBI der Berliner Mathematik zu neuem Ruhm. Die letzten Jahre seines Lebens von 1855 bis 1859 wirkte er als Nachfolger von GAUSS an der Universität Göttingen.

Werfen wir einen kurzen Blick auf sein Leben, weil daraus mancher Impuls, der für sein wissenschaftliches Werk entscheidend wurde, zu erkennen ist. Am 13. Februar 1805 in Düren als Sohn eines Postdirektors geboren, zeigte sich schon sehr frühzeitig sein Interesse für die Mathematik. Im Alter von 12 Jahren kaufte er sich schon von seinem Taschengeld mathematische Bücher. In Köln unterrichtete ihn auf dem Jesuiten-Gymnasium der aus der Elektrizitätslehre bekannte GEORG SIMON OHM. Neben seinen mathematischen Studien zeigte er besonderes Interesse für Geschichte. Es gelang ihm, seine Eltern dazu zu bewegen, ihn nicht Jurisprudenz, sondern Mathematik studieren zu lassen. Abgesehen von GAUSS war damals die Mathematik an den deutschen Hochschulen nicht gut vertreten. DIRICHLET nahm sein Studium in Paris auf, einer Hochburg der damaligen Mathematik. Hier wirkten LAPLACE, FOURIER, POISSON und CAUCHY, in der Mathematik Namen von höchstem Rang. Neben seinem dortigen Studium betrieb er in eifrigster Weise die Lektüre der berühmten GAUSSschen „Disquisitiones arithmeticae“. DIRICHLET ist wohl der erste Mathematiker, der dieses Werk vollständig verstanden hatte und der auch imstande war, seinen Inhalt auch anderen zu vermitteln. Diese Schrift gab ihm den ersten entscheidenden Impuls für sein späteres wissenschaftliches Lebenswerk. Die Arbeit „Mémoire sur l'impossibilité de quelques équations indéterminées du cinquième degré“ (Crelle **31** (1928) 354–375; Werke I, Berlin 1889, S. 21–46), die in die Sammlung der Denkschriften auswärtiger Gelehrter der Akademie aufgenommen werden konnte, machte DIRICHLET in Paris früh berühmt. ALEXANDER VON HUMBOLDT, der damals in Paris lebte, wurde auf den jungen Gelehrten aufmerksam. Diese Bekanntschaft war später für den Lebensweg DIRICHLETS von entscheidender Bedeutung.

Besondere Förderung wurde DIRICHLET durch FOURIER zuteil, der ihn in seinen Kreis aufnahm. Er war es auch, der DIRICHLETS Interesse für die mathematische Physik weckte. Aus diesem Kreis kam neben den Disquisitiones arithmeticae der zweite wesentliche Impuls für sein Lebenswerk. Die besondere Veranlagung DIRICHLETS, verschiedenartigste Dinge zu einer Einheit zu verschmelzen, trug dann später in der analytischen Zahlentheorie reichste Früchte. Ich brauche aber hierbei nicht zu verweilen, da darauf mein Kollege HANS REICHARDT noch ausführlich eingehen wird.

In der Analysis und der mathematischen Physik kann man DIRICHLETS Leistungen mit LINDEMANN folgendermaßen charakterisieren: „Wir sehen DIRICHLETS Einfluß in dem Bestreben, allgemein anerkannte und benutzte Methoden streng zu begründen und auf sichere Basis zu stellen." MINKOWSKI hat in einer Gedenkrede in übertragenem Sinne als DIRICHLETS Prinzip die Arbeitsmethode gekennzeichnet, die mit einem Minimum an blinder Rechnung ein Maximum an sehenden Gedanken erreicht.

Wenden wir uns zunächst seinen Untersuchungen über trigonometrische Reihen zu. Nach d'ALEMBERT und EULER schrieb man für die Lösung der Schwingungsgleichung

$$c^2 \frac{\partial^2 u}{\partial x^2} = \frac{\partial^2 u}{\partial t^2}$$

für eine Saite der Länge π bei den Randbedingungen

$$u(0, t) = u(\pi, t) = 0 :$$

$$u = \varphi(c\,t + x) - \varphi(c\,t - x)$$

$$\varphi(x + 2\pi) = \varphi(x) .$$

Über den dabei benutzten Funktionsbegriff gab es verschiedene Auffassungen.

DANIEL BERNOULLI war dagegen zu der Lösungsform

$$u = \sum_{n=1}^{\infty} a_n \sin(n\,x) \cos(n\,(c\,t - \alpha_n))$$

gekommen. EULER hatte noch große Schwierigkeiten, beide Auffassungen zu vereinen, da man nach seiner Auffassung nicht zwei aus verschiedenen analytischen Teilbogen bestehende Funktionen durch eine einheitliche trigonometrische Reihe darstellen könne. Die Beiträge von LAGRANGE lieferten ebenfalls keine Klärung. 50 Jahre später behauptete jedoch FOURIER ausdrücklich, daß eine solche Darstellung möglich wäre, indem er eine Reihe von typischen Beispielen anführte. LAGRANGE stand diesen Untersuchungen mit großem Mißtrauen gegenüber. Allmählich setzten sie sich aber doch durch. Ein erster Beweis mit Bedingungen für die Darstellbarkeit einer Funktion wurde von DIRICHLET gegeben. („Sur la convergence des séries trigonométriques qui servent à représenter une fonction arbitraire entre des limites données. Crelle 4 (1829) 157–169 oder Ges. Werke I, Berlin 1889, S. 117–132). Eine Erweiterung und Ergänzung dieser Arbeit ist unter dem Titel „Über die Darstellung ganz willkürlicher Funktionen durch Sinus- und Cosinusreihen" im Repert. der Physik von H. W. DOVE und L. MOSER I, 1837, S. 152–174 = Ges. Werke I, S. 133–160 erschienen.

DIRICHLET geht in dieser Arbeit von dem Interpolationsproblem aus, die Teilsummen

$$\sum_{\nu=1}^{n-1} a_\nu \sin(\nu\,x)$$

der trigonometrischen Reihe

$$\sum_{\nu=1}^{\infty} a_\nu \sin(\nu x)$$

dadurch zu bestimmen, daß sie an den $(n-1)$ Stellen

$$\frac{\pi}{n}, \quad \frac{2\pi}{n}, \ldots, \frac{(n-1)\pi}{n}$$

mit der gegebenen Funktion übereinstimmen sollen. Er findet dadurch

$$a_\nu = \frac{2}{n} \sum_{\varrho=1}^{n-1} \sin\left(\frac{\nu\varrho}{n}\right) f\left(\frac{\varrho\pi}{n}\right).$$

Bei $n \to \infty$ ergibt sich hieraus die bekannte nach EULER benannte Koeffizientenformel

$$a_\nu = \frac{2}{\pi} \int_0^\pi f(x) \sin(\nu x)\, dx .$$

DIRICHLET betrachtete alsdann den Fall der reinen Cosinusreihen und schließlich den allgemeineren Fall der gemischten Sinus- und Cosinusreihe. DIRICHLET machte keinen Gebrauch davon, diese Formeln in bekannter Weise durch gliedweise Integration der die Funktion darstellenden Reihe zu gewinnen. Eine andere Methode, zu den Koeffizientenformeln zu kommen, war früher von FOURIER angegeben worden, der von einer Potenzreihendarstellung ausging und durch Umformung zur trigonometrischen Reihe übergehen wollte. Da im weiteren Verfolg der Untersuchungen die konsequente Durchführung des Grenzüberganges $n \to \infty$ auf sehr große Schwierigkeiten stieß, ging DIRICHLET weiter so vor, daß er einer im Intervall $(-\pi, +\pi)$ gegebenen Funktion eine trigonometrische Reihe zuordnete, deren Koeffizienten von vornherein durch die angegebenen Koeffizientenformeln gegeben sind.

Damit konnte die n-te Partialsumme

$$s_n(x) = \frac{a_0}{2} + \sum_{\nu=1}^{n} \{a_\nu \cos(\nu x) + b_\nu \sin(\nu x)\}$$

in der Form

$$f_n(x) = \frac{1}{2\pi} \int_{-\pi}^{\pi} f(\xi) \frac{\sin(2n+1)\dfrac{\xi - x}{2}}{\sin\dfrac{\xi - x}{2}}\, d\xi$$

geschrieben werden. DIRICHLET zeigte alsdann, daß dieses Integral, falls die Funktion $f(x)$ als abteilungsweise stetig (später als überflüssig erkannt) und abteilungsweise monoton angenommen wird, gegen

$$\frac{1}{2}\left(f(x+0) + f(x-0)\right) \quad \text{für} \quad -\pi < x < \pi$$

und gegen

$$\frac{1}{2}\left(f(\pi-0) + f(-\pi+0)\right) \quad \text{für} \quad x = \pi \quad \text{und} \quad x = -\pi$$

konvergiert.

Dabei untersucht DIRICHLET das Verhalten eines Integrals der Form

$$\int_0^\pi \varphi(x) \frac{\sin(\varkappa x)}{\sin x} dx$$

für $\varkappa \to \infty$, indem er das Intervall in Teilintervalle der Länge $\pi/\varkappa$ zerlegt, in denen die Funktion $\sin(\varkappa x)$ ihr Vorzeichen nicht wechselt.

Eine Verallgemeinerung wurde von DU BOIS REYMOND (Crelle, J. f. Math. **79**, 1875, **100**, 1887, C. R. **92**, 1881) angegeben und ist unter dem Namen des JORDANschen Kriteriums bekannt. Es besagt in moderner Form:

Ist $f(x)$ in $(-\pi, \pi)$ in LEBESGUEschen Sinne integrabel und ist

$$\varphi(t) = \frac{f(x_0 + t) + f(x_0 - t)}{2}$$

bei $t = 0$ von beschränkter Schwankung, so konvergiert die FOURIER-Reihe von $f(x)$ an der Stelle $x = x_0$ gegen den Wert

$$\lim_{t \to 0} \frac{f(x_0 + t) + f(x_0 - t)}{2}.$$

Hier zeigte sich, daß der Fortschritt der Theorie der trigonometrischen Reihe eng mit der Entwicklung des Integralbegriffs verknüpft ist.

RIEMANN konnte unmittelbar an DIRICHLET anknüpfen, um Sätze zu gewinnen, nach denen die Konvergenz einer FOURIERschen Reihe an der Stelle $x = x_0$ lediglich von dem Verhalten der Funktion in der Nachbarschaft dieser Stelle x_0 abhängt.

Nach derselben Methode, die wir oben skizziert haben, behandelte DIRICHLET die allgemeinere und kompliziertere Frage nach der Konvergenz einer nach Kugelfunktionen fortschreitenden Entwicklung einer Funktion zweier unabhängiger Veränderlicher.

DIRICHLET besaß schon einen sehr allgemeinen Funktionsbegriff: Jedem x aus $[a, b]$ sollte eindeutig ein bestimmtes y entsprechen. Ihm war schon die Darstellung der Funktion

x rational: $f(x) = c$

x irrational: $f(x) = d$

durch den geschlossenen Ausdruck

$$y = (c - d) \lim_{n \to \infty} \lim_{m \to \infty} \cos(n!\, \pi x^m)$$

bekannt. Weiter war ihm aus der allgemeinen Reihenlehre geläufig, daß man durch geeignete Umordnung einer bedingt konvergenten Reihe zu verschiedenen Summenwerten oder auch sogar zu einer divergenten Reihe kommen kann.

Die bekannte Methode, den LAPLACEschen Operator von rechtwinkligen cartesischen auf krummlinige Koordinaten umzuschreiben, indem man einen Integralsatz heranzieht, geht auf DIRICHLET und W. THOMSON zurück. Eine Reihe von Beiträgen hat DIRICHLET für die Integralrechnung geliefert. Eine von ihm oft benutzte Methode ist die Verwendung von Doppelintegralen, um bei zulässiger Vertauschung der Reihenfolge der Integrationen einfache Integrale zu berechnen. Dabei spielt ein durch Integralausdrücke gegebener sogenannter Diskontinuitätsfaktor eine große Rolle (Berl. Berichte, 1839, Werke I, 1889, S. 381–390 und J. de Math. (1) 4 (1839), S. 164–168). Zur Berechnung von

$$\iiint_V \varphi\, f\, dx\, dy\, dz$$

verwendet man eine Funktion Φ, die in V mit φ übereinstimmt, außerhalb von V und innerhalb von $V_1 \subset V$ aber identisch 0 ist. (V_1 kann z.B. eine geeignete Kugel sein.) Dann ist

$$\iiint_V \Phi\, f\, dx\, dy\, dz = \iiint_V \varphi\, f\, dx\, dy\, dz\,.$$

Solche Diskontinuitätsfaktoren werden z.B. durch den CAUCHYschen Fundamentalsatz der Funktionentheorie oder auch durch die Theorie des FOURIERschen Integrals geliefert. DIRICHLET selbst benutzte zunächst

$$\frac{2}{\pi}\int_0^\infty \frac{\sin\varphi}{\varphi}\cos(g\,\varphi)\, d\varphi = \begin{cases} 1 & 0 < g < 1 \\ \frac{1}{2} & g = 1 \\ 0 & 1 < g\,, \end{cases}$$

d.h. den Realteil von

$$\frac{2}{\pi}\int_0^\infty \frac{\sin\varphi}{\varphi}\, e^{ig\varphi}\, d\varphi\,.$$

Damit konnte er z.B. das verallgemeinerte Potential eines Ellipsoids

$$-\frac{1}{p-1}\iiint \frac{1}{\varrho^{p-1}}\, dx\, dy\, dz\,,$$

wobei über alle positiven Koordinatenwerte mit

$$g = \left(\frac{x}{\alpha}\right)^2 + \left(\frac{y}{\beta}\right)^2 + \left(\frac{z}{\gamma}\right)^2 < 1$$

zu integrieren ist, in die Form

$$-\frac{2}{\pi\,(p-1)}\int_0^\infty \frac{\sin\varphi}{\varphi}\, d\varphi \int_{-\infty}^{\infty} \cos(g\,\varphi)\, \frac{1}{g^{p-1}}\, dx\, dy\, dz$$

transformieren. Zu der Berechnung des letzteren Integrals muß die Entfernungspotenz

$$\varrho^{-(p-1)}$$

noch in ein Integral über eine Exponentialfunktion verwandelt werden. Historisch ist anzumerken, daß FOURIER schon vor DIRICHLET (1811/12) die Diskontinuitätsfaktoren

$$\int_0^\infty \frac{\sin(x\,\xi)}{\xi}\, d\xi = \begin{cases} -\frac{\pi}{2} & x < 0 \\ 0 & x = 0 \\ \frac{\pi}{2} & x < 0 \end{cases}$$

und

$$\frac{2}{\pi}\int_0^\infty \frac{\sin\xi}{\xi}\cos(x\,\xi)\,d\xi = \begin{cases} 1 & |x| > 1 \\ 0 & |x| < 1 \end{cases}$$

angegeben hatte. Zur Bestimmung des Potentials zweier Ellipsoide benutzte MERTENS den schon von DIRICHLET angegebenen Faktor

$$\frac{\Gamma(m)}{2\pi}\int_{-\infty}^{\infty} \frac{e^{(\varkappa+i\lambda)x}}{(\varkappa+i\lambda)^m}\,d\lambda = \begin{cases} 0 & x < 0 \\ x^{m-1} & x > 0\,, \end{cases}$$

$\varkappa$ und m positiv. Der Fall $m = 1$ wurde von KRONECKER behandelt. KRONECKER kam bei der Betrachtung des Integrals $\int e^z z^{-1}\,dz$ zu dem Resultat:

$$\frac{1}{2\pi i}\int_{y=-\infty}^{\infty} \frac{e^{x+iy}}{x+iy}\,d(x+iy) = \begin{cases} 1 & x > 0 \\ \frac{1}{2} & x = 0 \\ 0 & x < 0\,. \end{cases}$$

Auch heute noch wird die Methode des Diskontinuitätsfaktors oft herangezogen, z.B. in der Elastizitätstheorie bei der Behandlung von rechteckigen elastischen Platten mit rechteckiger Belastung oder auch bei der Behandlung von Kreisplatten mit kreisförmiger Belastung

Wir wenden uns nun dem sogenannten DIRICHLETschen Prinzip in der Potentialtheorie zu. Überlegungen, bei denen die durch das DIRICHLETsche Prinzip gegebene Beweismethodik eine Rolle spielte, traten im Grunde schon bei GAUSSschen Untersuchungen auf. Gegeben sei eine geschlossene Fläche F. Man kann sie nach GAUSS derart gleichartig mit einer Masse M (Dichte $\varrho \geqq 0$) belegen, daß F für das der Massenverteilung entsprechende Potential Niveaufläche wird. Dazu zeigte GAUSS, daß es eine und nur eine Belegungsdichte ϱ derart gibt, daß

$$\iint_{(E)} V\,\varrho\,dF$$

minimal wird. Es zeigt sich dabei, daß ϱ nirgends auf F verschwindet. Weiter zeigte GAUSS im Sinne eines Existenz- und Einzigkeitssatzes für die erste Randwertaufgabe, daß es bei auf F vorgegebener Funktion U stets eine und nur eine (gleich- oder ungleichartige) Verteilung ϱ der Gesamtmasse M derart gibt, daß auf F die Funktion $V - U$ konstant ist. Diese Konstante kann man durch passende Wahl von M beliebig wählen, sie insbesondere auch $= 0$ setzen. Beim GAUSSschen Beweis treten schon hier die Schwierigkeiten auf, die sich später beim Beweis des DIRICHLETschen Prinzips ergaben. Das eigentliche DIRICHLETsche Prinzip trat zuerst bei WILLIAM THOMSON auf. In England spricht man daher von dem THOMSONschen Prinzip. Es wurde von RIEMANN als DIRICHLETsches Prinzip bezeichnet (Diss. Art. 16, J. f. Math. **54** (1857)). W. THOMSON benutzte für den Beweis der Existenz einer Lösung der zweiten Randwertaufgabe der Potentialtheorie die Existenz des Minimums des Integrals

$$\iiint \left\{\left(\frac{\partial V}{\partial x}\right)^2 + \left(\frac{\partial V}{\partial y}\right)^2 + \left(\frac{\partial V}{\partial z}\right)^2\right\} dx\,dy\,dz$$

unter der Nebenbedingung

$$\iint\limits_{(F)} V \frac{\partial V}{\partial n} \, dF = A$$

für ein geeignetes A (Zusatz zu einer französischen Übersetzung einer seiner Arbeiten, Cambridge Dubl. Math. J. 3 (1848) oder Papers on electr. and magnetism, S. 143). Ebenso benutzte DIRICHLET ein solches Prinzip beim Beweis der Existenz einer Lösung der ersten Randwertaufgabe (zuerst veröffentlicht bei L. NATANI, Math. Wörterbuch 5, Berlin 1866, S. 602, vgl. auch WEIERSTRASS, Ges. Werke 2, S. 49). RIEMANN wandte das DIRICHLETsche Prinzip auf die Theorie des logarithmischen Potentials und die Theorie analytischer Funktionen mit vorgegebenen Unstetigkeiten an. Er zeigte damit die Existenz algebraischer Funktionen und ihrer Integrale auf einer beliebig vorgeschriebenen RIEMANNschen Fläche.

Das Prinzip wurde zuerst am Ende der 50er Jahre des vorigen Jahrhunderts durch WEIERSTRASS einer Kritik unterzogen. Hinweise hierfür findet man bei H. A. SCHWARZ (J. f. Math. **70** (1869) S. 120, Ges. Abh. **2**, S. 83) und bei H. BRUNS (Diss. Berlin 1870). Bemerkungen von WEIERSTRASS selbst vor der Berliner Akademie aus dem Jahre 1870 wurden erst 1895 in seinen Gesammelten Werken 2, S. 49 publiziert. WEIERSTRASS wies darauf hin, daß das fragliche Integral lediglich seiner unteren Grenze beliebig nahekommen muß, ohne daß jedoch von vornherein klar ist, daß es diese Grenze für eine den Stetigkeits- und Oberflächenbedingungen genügende Funktion auch erreicht. Ein erster strenger Beweis eines Existenztheorems der Potentialtheorie wurde durch H. A. SCHWARZ mit der Methode des arithmetischen Mittels geliefert. Später wurde die Behandlung der Randwertaufgaben der Potentialtheorie durch C. NEUMANN und H. POINCARÉ auf die Theorie der Integralgleichungen zurückgeführt. In der Folgezeit konnte erst D. HILBERT durch Anwendung direkter Methoden der Variationsrechnung einen exakten Beweis für das DIRICHLETsche Prinzip liefern (Deutsche Mathematiker-Vereinigung 8 (1899) S. 18). Diese Methode konnte von ZAREMBA, COURANT und LEWI bedeutend ausgebaut werden. Durch die Verfahren von RITZ, GALERKIN, GRAMMEL und TREFFTZ konnte gezeigt werden, daß die Methode auch geeignet ist, numerische Ergebnisse zu liefern. In neuerer Zeit wird sie viel auch bei der Behandlung nichtlinearer Probleme der mathematischen Physik herangezogen.

Von den Beiträgen DIRICHLETS zur Mechanik weisen wir zunächst neben der auf S. 8 erwähnten Berechnung des Potentials eines Ellipsoides auf seine Berechnung des Integrals

$$\iint \ldots x^{a-1} y^{b-1} \ldots dx\, dy \ldots = \frac{\alpha^a \beta^b \ldots}{p \cdot q \ldots} \; \frac{\Gamma\left(\frac{a}{p}\right) \Gamma\left(\frac{b}{q}\right) \ldots}{\Gamma\left(1 + \frac{a}{p} + \frac{b}{q} + \cdots\right)}$$

hin, wo alle vorkommenden Konstanten positiv und die Integration über

$$x > 0,\ y > 0, \ldots;\ \left(\frac{x}{\alpha}\right)^p + \left(\frac{y}{\beta}\right)^q + \cdots < 1$$

zu erstrecken ist. Damit können das Volumen, der Schwerpunkt und das Trägheitsmoment einer Reihe von Körpern berechnet werden. Später konnte LIOUVILLE dieses Integral auch für heterogene Ellipsoide berechnen, bei denen die Schichten gleicher Dichtigkeit ähnliche Ellipsoide sind (Liouvilles Journal **4**).

Ein konservatives mechanisches System befindet sich an einer Stelle in einer stabilen Gleichgewichtslage, wenn die potentielle Energie an dieser Stelle ein relatives Minimum annimmt. Bei kleinen Verrückungen und kleinen Anfangsgeschwindigkeiten wird es sich alsdann niemals weit von der Ruhelage entfernen, und die erreichten Geschwindigkeiten werden unter einer festen Schranke bleiben. I. L. LAGRANGE gab für diesen Satz einen Beweis mit Reihenentwicklungen, bei dem er nur Glieder bis zur zweiten Ordnung berücksichtigte (Mécanique analytique, I. Teil, Sektion III). Ein von dieser Annahme unabhängiger Beweis wurde von DIRICHLET (1846, Akademie, Berlin) und F. MINDING (Mechanik, Berlin 1938) geliefert. E. GUYON (Théorie du navire, 1887, vgl. auch P. APPELL, Mécanique) konnte später zeigen, daß die DIRICHLETschen Überlegungen sich auch beim Problem des Gleichgewichts eines schwingenden Körpers verwerten lassen. Verallgemeinert wurden die DIRICHLETschen Stabilitätsbetrachtungen durch neuere LJAPUNOWsche Arbeiten.

Von R. DEDEKIND wurden aus dem DIRICHLETschen Nachlaß Untersuchungen herausgegeben, die sich auf die Bewegung einer in kompressibler Flüssigkeit unter der Einwirkung der NEWTONschen Massenanziehung der Teilchen bei veränderlicher ellipsoidaler Oberfläche beziehen (Gött. Abh. (VIII) **3** (1860); Crelle **58**). Dabei wird angenommen, daß die Verschiebungen lineare Funktionen der Koordinaten sind. Die Untersuchungen wurden später von DEDEKIND (Crelle 58 (1861) S. 2—17) und RIEMANN (Gött. Abh. (IX) *3* (1860)) und GREENHILL (Proc. Cambr. Phil. Society **3/4** (1880)) fortgeführt. Im Falle, daß das Ellipsoid seine Achsenrichtung nicht ändert und die innere Bewegung wirbelfrei ist, ergibt sich als Resultat:

Ist die Gesamtenergie kleiner als die potentielle Energie im Zustand unendlicher Zerstreuung der Masse, so schwingt das Ellipsoid regelmäßig zwischen der abgeplatteten und verlängerten Form mit einer Periode, die von der Amplitude abhängt, hin und her.[1]) DIRICHLET hat sich auch mit Problemen der Strömungslehre beschäftigt.

Er beschrieb die Potentialströmung einer nicht reibenden Flüssigkeit für die Umströmung einer bewegten Kugel in einer unbegrenzten im Unendlichen ruhenden Flüssigkeit, indem er eine im Mittelpunkt der Kugel befindliche Doppelquelle heranzog. Er konnte zeigen, daß nur für die Anlaufströmung Energie erforderlich ist. Ist jedoch die Geschwindigkeit des Mittelpunktes der Kugel konstant, so ist keine Energie erforderlich, um die Strömung aufrecht zu erhalten.

Wir weisen ferner auf eine DIRICHLETsche Untersuchung (Crelle **32** (1846) S. 80—84) über die charakteristischen Eigenschaften der Potentialfunktion hin,

---

[1]) Übersteigt die Energie diese Grenze, so hören die Schwingungen auf, und das Ellipsoid strebt entweder einer unendlichen materiellen Linie oder einer in einer Ebene ausgebreiteten Schicht zu. Rotiert das Ellipsoid um eine Achse, so wird es auch hier bei geeigneten Anfangsbedingungen zu Schwingungen kommen. Es kann aber niemals, selbst bei der kleinsten Rotationsgeschwindigkeit, zu einer unbegrenzten Verlängerung des Ellipsoids kommen. Es kann sich allerdings immer eine Abplattung des Ellipsoids in der Äquatorebene herausbilden. An diese Untersuchungen von DIRICHLET über die Bewegungen eines Ellipsoides schloß sich in der Folgezeit eine große Literatur an (vgl. LAMB, Hydrodynamik, 1931).

mit deren Hilfe er z. B. sehr schnell verifizieren kann, daß der Ausdruck

$$V = \begin{cases} \pi \int\limits_0^\infty \left(1 - \frac{x^2}{\alpha^2 + s} - \frac{y^2}{\beta^2 + s} - \frac{z^2}{\gamma^2 + s}\right) \frac{1}{D}\, ds\,, & \text{innerer Aufpunkt} \\ \pi \int\limits_\sigma^\infty \left(1 - \frac{x^2}{\alpha^2 + s} - \frac{y^2}{\beta^2 + s} - \frac{z^2}{\gamma^2 + s}\right) \frac{1}{D}\, ds\,, & \text{äußerer Aufpunkt} \end{cases}$$

das Potential eines Ellipsoides mit den Halbachsen α, β, γ darstellt, wenn

$$D = \sqrt{\left(1 + \frac{s}{\alpha^2}\right)\left(1 + \frac{s}{\beta^2}\right)\left(1 + \frac{s}{\gamma^2}\right)}$$

und σ für einen äußeren Aufpunkt die einzige positive Wurzel von

$$\frac{x^2}{\alpha^2 + \sigma} + \frac{y^2}{\beta^2 + \sigma} + \frac{z^2}{\gamma^2 + \sigma} = 1$$

ist. Aus dem Ausdruck für V bei einem äußeren Aufpunkt konnte OBERBECK später die Translationsbewegung eines Ellipsoides in einer zähen Flüssigkeit bei großer Reibung berechnen (Crelle **81** (1876) 62). In diesem Zusammenhang kann man auch noch auf DIRICHLETS Vorlesungen über Integrale (Braunschweig 1904) hinweisen, in denen einige für die mathematische Physik wichtige Integrale berechnet wurden.

DIRICHLET hat keine eigentliche Schule gehabt. Er hat aber sehr stark auf seine Hörer, Schüler und Kollegen eingewirkt, obwohl er im persönlichen Leben äußerst zurückhaltend auftrat. Besonders von ihm beeinflußt wurden EISENSTEIN und RIEMANN. Die RIEMANNschen Vorlesungen sind unmittelbar von den vorbildlichen DIRICHLETschen Vorlesungen beeinflußt. Man kann feststellen, daß auch die heutigen Lehrbücher und Darstellungen der mathematischen Physik, vermittelt durch die Werke von RIEMANN-WEBER und FRANK-MISES, noch wesentlich vom Geiste DIRICHLETS geprägt sind.

Über DIRICHLETS zahlentheoretische Arbeiten

Von HANS REICHARDT (Berlin)

Herr Präsident, meine sehr geehrten Damen und Herren!

Anläßlich der 100jährigen Wiederkehr des Todestages von GAUSS veranstaltete die Berliner Mathematische Gesellschaft im Februar 1955 eine Gedenkfeier, bei der ich über die zahlentheoretischen Arbeiten von GAUSS sprechen durfte. Diese sind von entscheidendem Einfluß auf das zahlentheoretische Wirken von DIRICHLET gewesen. Erlauben Sie mir, daß ich die gleiche Stelle wie damals aus einem Brief von GAUSS verlese, in dem sich GAUSS für die Glückwünsche der Akademie zu seinem 50jährigen Doktor-Jubiläum bedankt; denn diese Briefstelle, in der es sich um die Zahlentheorie handelt, bezieht sich in erster Linie auf DIRICHLET, ohne daß dieser ausdrücklich genannt wird, und kann als Urteil über fast den ganzen zahlentheoretischen Teil des Lebenswerkes von DIRICHLET angesehen werden. Es heißt dort[1]: „Kein Gebiet der Mathematik ist mehr geeignet, mit seinen Früchten unmittelbar zu belohnen, als dasjenige, dem ich seit Anfang 1795 mit besonderer Vorliebe mich zugewandt hatte — aber von der anderen Seite bot keines — bei der von Ihnen selbst mit Strenge aber gewiß nicht mit Unrecht angeklagten damaligen Erschlaffung des ächt mathematischen Geistes in Deutschland — weniger Aussicht auf Anerkennung und Aufmunterung von Außen. Ich habe mir darüber keine Illusion gemacht, als ich im April des Jahres 1798 anfing, die Resultate meiner Forschungen in jenem Felde dem Druck zu übergeben, und noch mehr als zwanzig Jahre später war ich zu dem Geständnisse genöthigt, daß ich in ganz Deutschland auch nicht einen einzigen Mathematiker kenne, der ein wahres Interesse an diesem wissenschaftlichen Gebiet nehme. Wie ganz anders verhält es sich damit gegenwärtig, wo die Höhere Arithmetik so viele Verehrer, Kenner und, wie ich mit aufrichtiger Freude hinzusetzen kann, mir befreundete glückliche Fortbildner, vorzugsweise in Ihrer Mitte, zählt."

Wenn man sich überlegt, was die Hauptleistungen von DIRICHLET auf dem Gebiet der Zahlentheorie gewesen sind, so denkt man zunächst an die Theorie und an die Anwendungen der DIRICHLETschen Reihen und an die Entdeckung seines Einheitensatzes. Beide rechnet man heute zu den wichtigsten Stützen der Theorie der algebraischen Zahlkörper, und man fragt sich, wie DIRICHLET auf diese Ideen gekommen ist, die aus den Jahren 1830—45 stammen, also aus einer Zeit, in der man noch nicht an den maximalen Integritätsbereich eines algebraischen Zahlkörpers und erst recht nicht an dessen Ideale dachte. Ich will mich daher mit den folgenden Fragen beschäftigen:

1. Wie war der Stand der Zahlentheorie vor DIRICHLET,
2. in welcher Weise hat DIRICHLET in die Zahlentheorie eingegriffen, und
3. wie haben sich die Untersuchungen von DIRICHLET weiterhin ausgewirkt?

[1]) Sitzungsber. d. Akademie Berlin 1849, S. 275—276.

Betrachtet man die Entwicklung der Zahlentheorie, so bemerkt man bis zum Jahre 1801 eine Fülle von Einzelergebnissen, die von Mathematikern wie FERMAT, EULER, LAGRANGE und LEGENDRE erzielt worden waren. Erwähnen möchte ich nur die Theorie der Kongruenzen (allerdings noch nicht in der GAUSSschen Form), die im „kleinen" FERMATschen Satz und der Theorie der quadratischen Reste gipfelte einschließlich des induktiv gefundenen, aber unbewiesenen Reziprozitätsgesetzes, dann die Bemühungen um die FERMATsche Behauptung und die Lösung anderer diophantischer Gleichungen und weiter die Theorie der binären quadratischen Formen bis zur Endlichkeit der Klassenzahl. Zur analytischen Zahlentheorie kann man die Theorie der Kettenbrüche rechnen, speziell die der periodischen, mit Anwendungen auf die PELLsche Gleichung, und ebenfalls das Auftreten von Potenzreihen in Gestalt von erzeugenden Funktionen für gewisse zahlentheoretische Ausdrücke, mit deren Hilfe EULER einige elegante Sätze aus der additiven Zahlentheorie beweisen konnte.

Bei EULER trat aber auch schon die Identität auf

$$\sum_{n=1}^{\infty} \frac{1}{n^s} = \prod_p \frac{1}{1 - \frac{1}{p^s}} \qquad \text{für} \quad s > 1 ,$$

aus der EULER seinen neuen Beweis für die Unendlichkeit der Menge der Primzahlen herleitete und die später bei DIRICHLET den Ausgangspunkt für die gesamte analytische Zahlentheorie bildete.

Mit dem Erscheinen der Disquisitiones Arithmeticae von GAUSS begann 1801 eine neue Epoche der Zahlentheorie, wenn sie auch nur sehr zögernd einsetzte, wie wir den Worten von GAUSS entnehmen konnten. In den Disquisitiones wurde die Zahlentheorie zum erstenmal zu einer systematischen Wissenschaft, aber darüber hinaus enthielten diese eine solche Fülle von ungewohnten Methoden und tiefliegenden Ergebnissen, daß die Zeitgenossen GAUSS auf solchen neuen Wegen nicht folgen konnten. So schreibt LEGENDRE in der Einleitung zu seinem Buch über Zahlentheorie, daß er die neuen Ergebnisse von GAUSS nicht mit aufnehmen würde, weil sie auf völlig neuartigen Methoden beruhen, die er nur auf den größten Umwegen darstellen könnte, wenn er nicht die bloße Rolle eines Übersetzers spielen wollte.

Dieses Buch ist nun auf DIRICHLET von noch größerem Einfluß gewesen als sein Studium in Paris bei den großen Analytikern LAPLACE, CAUCHY, POISSON, LEGENDRE und FOURIER. KUMMER und DEDEKIND haben berichtet, daß die Disquisitiones bei DIRICHLET nie auf dem Bücherbrett standen, sondern immer auf seinem Schreibtisch lagen, und daß DIRICHLET das vollkommen zerlesene Exemplar auf seinen Reisen immer bei sich führte wie ein Geistlicher sein Gebetbuch. An diesem Buch konnte DIRICHLET seine Zähigkeit beweisen, die er schon geübt hatte, als er als Schüler mathematische Bücher studierte. Wenn man ihm sagte: „Das verstehst Du doch noch gar nicht", so antwortete er: „Ich lese es eben so lange, bis ich es verstehe". So dürfte DIRICHLET der Erste gewesen sein, der mit Erfolg in die Geheimnisse der Disquisitiones eingedrungen ist. Der große Einfluß dieses Werkes auf DIRICHLET hat sich darin ausgewirkt, daß alle seine ersten Arbeiten (1825—31) in Inhalt oder Methode unmittelbar daran anschließen. Gleich seine erste Arbeit über die FERMATsche Behauptung für $n = 5$ erregte in der mathematischen Welt großes Aufsehen. Er gab ein Kriterium für die Unlösbarkeit der Gleichung $x^5 - y^5 = A z^5$ in rationalen Zahlen für gewisse Werte von A. Dabei operierte er im Ring von $\sqrt{5}$ unter Benutzung von Resultaten der Theorie der quadratischen Formen. Diese zunächst verblüffende Methode hat ihren Ursprung in folgender Zerlegung der gegebenen Gleichung:

$$(x - y)\,((2\,x^2 + x\,y + 2\,y^2)^2 - 5(x\,y)^2) = 4\,A\,z^5\,.$$

Er hatte dabei insofern Glück, als in unserer Sprechweise die Ideale des maximalen Integritätsbereiches $\left[1, \frac{1+\sqrt{5}}{2}\right]$, die ja alle Hauptideale sind, schon durch Zahlen aus dem Ring $[1, \sqrt{5}]$ repräsentiert werden können. Allerdings kam er für den Fall $A = 1$ nicht völlig zum Ziel, sondern konnte nur zeigen, daß diese Gleichung in solchen Zahlen nicht lösbar ist, bei denen die durch 5 teilbare Zahl auch noch gerade ist. Vielleicht ist der Grund dafür in der Benutzung von $[1, \sqrt{5}]$ zu suchen. Jedoch konnte anschließend an diese Arbeit LEGENDRE diese Betrachtung bis zum völligen Beweis der FERMATschen Behauptung für $n = 5$ im Bereich der ganzen rationalen Zahlen führen. Einen ähnlichen Beweis erbrachte DIRICHLET später übrigens auch noch für die FERMATsche Behauptung bei $n = 14$ unter heranziehung des Ringes $[1, \sqrt{-7}]$. Die Universität Bonn nahm 1827 die erste Arbeit zum Anlaß, den 22jährigen DIRICHLET zum Dr. h.c. zu promovieren.

Die nächste Arbeit, seine Habilitationsschrift, war eine eigenartige Verallgemeinerung des Satzes von EULER, daß die Primteiler von $\frac{a^p - 1}{a - 1}$ genau die Primzahlen $\equiv 1 \pmod p$ sind. Durch Betrachtungen z.B. im Ring $[1, \sqrt{5}]$ zeigte DIRICHLET, daß die Primteiler von $5\,a^4 - 10\,a^2 + 1$ genau die Primzahlen $\equiv \pm\, 1 \pmod{20}$ sind, d.h., ist die Kongruenz

$$5\,a^4 - 10\,a^2 + 1 \equiv 0 \pmod p$$

lösbar, so ist $p \equiv \pm\, 1 \pmod{20}$, und umgekehrt. Das sind gerade die Primzahlen, die in dem größten reellen Teilkörper des Körpers der 20. Einheitswurzel voll zerfallen. Diese Deutung tritt aber bei DIRICHLET noch nicht auf; wir können sie heute auffassen als Teilaussage des Reziprozitätsgesetzes für diesen Körper.

Diese Arbeiten benützen im wesentlichen GAUSSsche Methoden. Die nächste Gruppe behandelt Ergebnisse, die GAUSS publiziert hatte, ohne ihre Beweise anzugeben, und DIRICHLET lieferte elegante neue Beweise dafür. GAUSS hatte natürlich das Bedürfnis, die schönen Gesetzmäßigkeiten, die im quadratischen Reziprozitätsgesetz stecken, zu verallgemeinern, und wandte sich, um einen Anhaltspunkt für die Richtung der Verallgemeinerung zu bekommen, den biquadratischen Resten zu, und zwar tat er den ersten Schritt noch in ganz traditioneller Weise, mit dem zweiten aber eröffnete er der Zahlentheorie völlig neue Wege, indem er erkannte, daß man gewisse Gesetzmäßigkeiten über rationale Zahlen erst dann klar und durchsichtig formulieren und beweisen kann, wenn man, wie er sagte, das Feld der Untersuchungen gewissermaßen unendlich oft erweitert. Praktisch bedeutete das zunächst einmal, Zahlentheorie im Bereich der ganzen GAUSSschen Zahlen zu treiben mit dem Ziel: Anwendungen auf die Theorie der rationalen Zahlen. DIRICHLET jedoch bemächtigte sich der GAUSSschen Zahlen mit einer völlig anderen Tendenz, indem er sie als selbstständige Objekte der zahlentheoretischen Forschung ansah und als erstes eine weitgehende Analogie zur elementaren

Zahlentheorie feststellte bis zum Analogon des quadratischen Reziprozitätsgesetzes. Das biquadratische Reziprozitätsgesetz, das auch schon von GAUSS formuliert worden war, und zwar ebenfalls ohne Beweis, beachtete er dabei gar nicht. Einen ersten Beweis dafür gaben später JACOBI in seinen Vorlesungen und EISENSTEIN in einer Publikation.

Dann aber, im Jahre 1835, erfolgte die erste Anwendung analytischer Methoden auf ein zahlentheoretisches Problem. DIRICHLET erkannte nämlich im Zusammenhang mit seinen Untersuchungen über die FOURIER-Reihen, wie man die Eigenschaften des FRESNELschen Integrals $\int_{-\infty}^{+\infty} \cos(x^2)\,dx$, das aus der Optik bekannt war, zur Vorzeichenbestimmung der GAUSSschen Summen ausnutzen kann, und gab damit eine neue Lösung eines Problems, das GAUSS soviel Mühe und Anstrengung gekostet hatte. Er verwandte das Ergebnis dann noch zu einem neuen Beweis des quadratischen Reziprozitätsgesetzes. JACOBI hat gelegentlich seinem großem Erstaunen darüber Ausdruck verliehen, daß DIRICHLET Methoden in der Zahlentheorie hat verwenden können, die FOURIER für die Behandlung gewisser Probleme der Wärmeleitung geschaffen hatte. Es ist interessant zu bemerken, daß DIRICHLET noch ausdrücklich darauf hinweist, daß ein solches uneigentliches Integral konvergieren kann, ohne daß der Integrand gegen 0 geht. DIRICHLET scheint überhaupt einer der ersten gewesen zu sein, der die Eigenheiten nur bedingt konvergenter Prozesse durchschaut hat.

Den eigentlichen Beginn der analytischen Zahlentheorie hat man jedoch auf das Jahr 1837 zu datieren, in dem DIRICHLET als Erster einen Beweis für den Satz von der arithmetischen Progression gab. Er besagt: In der Progression $a, a + b, a + 2b, a + 3b, \ldots$ gibt es, falls a und b zueinander prim sind, unendlich viele Primzahlen. Dieser Satz war schon lange vermutet worden, und LEGENDRE hatte noch vor dem ersten GAUSSschen Beweis des quadratischen Reziprozitätsgesetzes gezeigt, wie man diesen Satz zu einem Beweis des Reziprozitätsgesetzes heranziehen kann. Den von LEGENDRE für den Satz von der arithmetischen Progression angestellten, aber gescheiterten Beweisversuch hat DIRICHLET, den die schwierigsten Probleme am meisten reizten, zunächst weiter auszubauen versucht. Aber bald erkannte er, daß man auf diesem Weg nicht zum Ziel kommt, und hat dann versucht, einen Beweis zu finden, der dem oben genannten EULERschen Beweis für die Unendlichkeit der Menge der Primzahlen entspricht. Zu diesem Zweck führte er die L-Reihen

$$L(s, \chi) = \sum_{n=1}^{\infty} \frac{\chi(n)}{n^s} = \prod_{p} \frac{1}{1 - \frac{\chi(p)}{p^s}} \qquad \text{für} \quad s > 0$$

ein, wobei $\chi(n)$ ein beliebiger Charakter mod$^{\times}$ n außer 1 ist. Die zugehörigen Konvergenzbetrachtungen führte er gleich für beliebige DIRICHLETsche Reihen $\sum \frac{a_n}{n^s}$ (und noch allgemeinere) durch und machte bei dieser Gelegenheit ausdrücklich darauf aufmerksam, daß es bei konvergenten Reihen, die nicht absolut konvergieren, wesentlich auf die Reihenfolge der Summanden ankommt. Die Hauptschwierigkeit beim Beweis des Satzes von der arithmetischen Progression bildete nun der Nachweis, daß für reelle Charaktere $L(1, \chi) \neq 0$, obwohl $\sum_{n=1}^{\infty} \frac{\chi(n)}{n}$ leicht zu berechnen war, und zwar ließ sich diese unendliche auf eine endliche Summe zurückführen, wobei die n-ten Einheitswurzeln auftraten. DIRICHLET schreibt, daß er ursprünglich einen komplizierten direkten Beweis dafür gefunden habe, daß er ihn aber gar nicht erst angeben wolle, weil er inzwischen einen viel besseren gefunden habe, indem er auf analytischem Wege einen äußerst überraschenden und bemerkenswerten Zusammenhang zwischen der Theorie der Kreisteilung und der Bestimmung der Klassenzahl binärer quadratischer Formen gegebener Diskriminante bemerkt hatte. In einer 1838 erschienenen Arbeit erfolgte dann diese transzendente Klassenzahlbestimmung. In der heutigen Sprache ausgedrückt, besteht sie darin, daß man die DEDEKINDsche ζ-Funktion eines quadratischen Zahlkörpers auf Grund des quadratischen Reziprozitätsgesetzes in die RIEMANNsche ζ-Funktion und eine L-Reihe vom obigen Typ zerlegen kann. Dann zeigt sich leicht, daß sich $L(1, \chi)$ von der Klassenzahl dieses Körpers um einen von 0 verschiedenen Faktor unterscheidet, womit die Behauptung bewiesen ist. Bei der Bestimmung dieses Faktors kommt es noch auf die Bestimmung der Anzahl der Gitterpunkte in einem ebenen Bereich an, die er auf Grund anschaulicher Betrachtungen asymptotisch mit dem Flächeninhalt des Bereiches in Beziehung bringt. Eine besondere Arbeit hat er übrigens denjenigen Lösungen der PELLschen Gleichung gewidmet, die aus der Kreisteilung hervorgehen und die eine besondere Rolle bei der Formel für die Klassenzahl spielen. Alle diese Dinge werden in einer weiteren Arbeit noch einmal zusammenfassend dargestellt und gleichzeitig dazu benützt, neue Beweise an Stelle gewisser besonders schwieriger Betrachtungen aus den Disquisitiones zu setzen, und in einer folgenden Arbeit werden die Eigenschaften der ζ-Funktion eines quadratischen Zahlkörpers benützt, um zu zeigen, daß jede binäre quadratische Form unendlich viele Primzahlen darstellt. Übrigens ist noch zu bemerken, daß GAUSS die transzendente Bestimmung der Klassenzahl im Prinzip schon 1801 besessen, aber nicht publiziert hat, wie aus seinem Nachlaß hervorgeht. JACOBI dagegen hatte die Klassenzahlformeln im Zusammenhang mit der Kreisteilung induktiv gefunden, aber nicht beweisen können.

In den Jahren 1841 und 1842 führt DIRICHLET nun das schon früher angekündigte Programm durch, die gesamte Zahlentheorie der rationalen Zahlen einschließlich der Sätze über die arithmetische Progression und der transzendenten Klassenzahlbestimmung auf den Bereich der GAUSSschen Zahlen zu übertragen. Dabei bemerkt er, daß die bei der Klassenzahlbestimmung auftretenden Summen sich explizit angeben lassen, daß sie aber im allgemeinen nicht mehr wie früher mit der Kreisteilung, sondern mit der Teilung der Lemniskate zusammenhängen. Die Darstellung dieser Betrachtungen wird für später angekündigt; doch ist in den weiteren Arbeiten nichts davon zu finden. Nun wird der Sonderfall ausführlich betrachtet, daß die Diskriminante der quadratischen Formen eine ganze rationale Zahl ist, und DIRICHLET zeigt, daß die Klassenzahl der Formen der Diskriminante D über dem GAUSSschen Zahlkörper, abgesehen höchstens von einem Faktor 2, gleich dem Produkt der Zahlen der Formenklassen über dem rationalen Körper mit den Diskriminanten D bzw. $-D$ ist, und diesen Satz bezeichnet er als einen der schönsten der ganzen Theorie. — Welche Schwierigkeiten die Disquisitiones DIRICHLET auch jetzt noch bereitet zu haben scheinen, kann man daraus schließen, daß in dieser Arbeit die heikelsten und originellsten Punkte der GAUSSschen Theorie der quadratischen Formen, nämlich deren Komposition und die Theorie der Geschlechter, überhaupt nicht erwähnt, also auch nicht für später angekündigt werden. Übrigens scheint er diese Dinge auch in seinen Vorlesungen nicht behandelt zu haben; denn in den von DEDEKIND später herausgegebenen Vorlesungen von DIRICHLET über Zahlentheorie fehlen sie auch noch. Lediglich bei einer Gelegenheit hat er sich über die Komposition der quadratischen Formen, und zwar im Rationalen, geäußert, wobei er einige Vereinfachungen gegenüber GAUSS brachte. Es war das der Inhalt seiner erst 1851 gehaltenen Berliner Antrittsrede; er hat sie 23 Jahre hinausgezögert, weil es ihm nicht lag, lateinisch vorzutragen. (Bei seiner Habilitation in Breslau war es DIRICHLET gelungen, sich von der lateinisch zu führenden Disputation befreien zu lassen.)

Es ist nun zu vermuten, daß DIRICHLET versucht hat, seine analytischen Methoden auf das „gewissermaßen unendlich oft erweiterte" Gebiet der Zahlentheorie zu übertragen, und er dürfte mit seinen Überlegungen schnell auf einen der schwierigsten Punkte gekommen sein, der bei diesem Bestreben auftritt, nämlich auf die Theorie der Einheiten. In den bisher behandelten Fällen hatte er verhältnismäßig leicht die Struktur der Einheitengruppe mit Methoden feststellen können, die den früheren gleichwertig waren, nämlich mit einer Anwendung des Schubfachschlusses auf die Approximation beliebiger komplexer Zahlen durch Elemente des GAUSSschen Zahlkörpers. Damit war es DIRICHLET gelungen, eine psychologische Gefahr zu überwinden, die von der Anziehungskraft der Kettenbrüche ausging; denn da mit deren Hilfe die Lösung der PELLschen Gleichung in besonders eleganter Weise möglich ist, wird man versuchen, einen ähnlichen Weg auch im allgemeinen Fall zu finden. Bekanntlich sind aber alle in dieser Richtung angestellten Versuche ohne voll befriedigendes Ergebnis geblieben. Ziemlich bald, nämlich in den Jahren 1840 bis 1842, erkannte er in weiteren Spezialfällen die Struktur der Einheitengruppe und kündigte auch die Gestalt des allgemeinen Einheitensatzes an, und außerdem stellte er mit einem mehrdimensionalen Schubfachschluß das nötige Rüstzeug für die simultane Approximation mehrerer komplexer Zahlen bereit. Dennoch dauerte es bis 1846, bis er den endgültigen Beweis publizierte. Er schreibt selbst dazu: „Für die nächsten Grade nach dem 2. ließ sich der Satz ohne Schwierigkeiten beweisen, und wir haben das auf den 3. Grad bezügliche Resultat in einer früheren Note schon vor mehreren Jahren ausgesprochen. Dem Beweis des Satzes in seiner ganzen Allgemeinheit, wie er sich auf dem Wege der Induktion bald herausstellte, traten jedoch die größten Schwierigkeiten entgegen, die erst nach vielen fruchtlosen Versuchen vollständig überwunden werden konnten." — Es ist bekannt, daß DIRICHLET seine Untersuchungen alle im Kopf durchführte und sie erst zu Papier brachte, wenn er sie zu einer Publikation zusammenstellen wollte. So hat er den Hauptpunkt des Beweises seines Einheitensatzes beim Anhören der Ostermusik in der Sixtinischen Kapelle gefunden.

Mit der Schilderung dieser drei Höhepunkte in DIRICHLETS mathematischem Schaffen, dem Satz von der arithmetischen Progression, der transzendenten Klassenzahlbestimmung und dem Einheitensatz möchte ich die Aufzählung seiner Arbeiten abbrechen; ich bin vielleicht sowieso schon zuviel auf Einzelheiten eingegangen. Es wären sonst noch asymptotische Untersuchungen, Sätze über quadratische Formen und Vereinfachungen einer Reihe von Beweisen anzuführen. Erlauben Sie mir daher noch einige Bemerkungen über DIRICHLETS Arbeitsweise und darüber, wie sich die Zahlentheorie im unmittelbaren Anschluß an DIRICHLET weiter entwickelt hat.

Wenn man bei einer solchen Betrachtungsweise feststellt, daß sich die Wissenschaft gegenüber früheren Zeiten wesentlich entwickelt hat, so wird das natürlich niemand so auffassen, als ob wir nun bessere Wissenschaftler als die früheren wären — mir erscheint ein Mann wie GAUSS bis heute noch nicht wieder übertroffen zu sein —, sondern man wird dabei immer wieder erkennen, daß der seitdem erzielte Fortschritt zu einem wesentlichen Teil durch die Arbeiten der damaligen Forscher überhaupt erst vorbereitet und veranlaßt worden ist, und man sieht, welche Mühe und Arbeit es gekostet hat, bis man viele Dinge so klar und in solcher Allgemeinheit sieht, wie das heute auf vielen Gebieten der Fall ist. Wenn man DIRICHLETS Arbeiten liest, ist man an vielen Stellen immer wieder erstaunt, mit welcher Zähigkeit und Kraft er sich nicht nur mit den großen Problemen befaßt, sondern sich auch mit allen Einzelheiten wie mit unangenehmen Berechnungen oder Fallunterscheidungen herumgeschlagen hat, wenn er nur zum Ziele kam; und er hat sich immer die höchsten Ziele gesteckt. Dabei legte er großen Wert auf völlige Strenge, was von seinen Zeitgenossen stets besonders hervorgehoben wurde. So sagte JACOBI gelegentlich: „Er allein, nicht ich, nicht CAUCHY, nicht GAUSS weiß, was ein vollkommen strenger Beweis ist, sondern wir lernen es erst von ihm. Wenn GAUSS sagt, er habe etwas bewiesen, ist es mir sehr wahrscheinlich, wenn CAUCHY es sagt, ist ebensoviel pro als contra zu wetten, wenn DIRICHLET es sagt, ist es gewiß, ...“. In diesem Zusammenhang ist es interessant, aus dem akademischen Nachruf, den KUMMER auf DIRICHLET verfaßt hat, zu sehen, wie DIRICHLET diese mühsame und unbestechliche mathematische Arbeitsweise als Vorbild auch für andere Disziplinen hinstellte, obwohl sein Ausspruch sich hier nur auf die damalige Philosophie erstreckte.

Dieser Nachruf zeugt in ergreifender Weise von der Verehrung KUMMERS für DIRICHLET als Mensch und Mathematiker. Es heißt da über DIRICHLET: „Er pflegte von der Philosophie zu sagen, es sei ein wesentlicher Mangel derselben, daß sie keine ungelösten Probleme habe wie die Mathematik, daß sie sich also keiner bestimmten Grenze bewußt sei, innerhalb derer sie die Wahrheit wirklich erforscht habe und über welche hinaus sie sich vorläufig bescheiden muß, nichts zu wissen. Je größere Ansprüche auf Allwissenheit die Philosophie machte, desto weniger vollkommen klar erkannte Wahrheiten glaubte er ihr zutrauen zu dürfen, da er aus eigener Erfahrung in dem Gebiet seiner Wissenschaft wußte, wie schwer die Erkenntnis der Wahrheit ist, und welche Mühe und Arbeit es kostet, dieselbe auch nur einen Schritt weiter zu fördern“.

Es sei mir gestattet, zum Schluß noch an einigen wenigen Beispielen zu zeigen, in welcher Weise sich die DIRICHLETsche Zahlentheorie bei seinen unmittelbaren Nachfolgern ausgewirkt hat. So besaß DIRICHLET zwar schon den allgemeinen Begriff der ganzen algebraischen Zahl, doch operierte er stets nur in dem von einer solchen Zahl erzeugten Ring (z. B. bei seinen Betrachtungen zur FERMATschen Behauptung und auch beim Einheitensatz), während KRONECKER und vor allem DEDEKIND bemerkten, daß die wahren Gesetzmäßigkeiten erst dann richtig zur Geltung kommen, wenn man die Gesamtheit aller ganzen algebraischen Zahlen eines Körpers der Untersuchung unterwirft. Dabei trat als neue Schwierigkeit die Untersuchung der Verzweigungen auf, die bei GAUSS und DIRICHLET noch ganz einfach zu übersehen waren. — Als KUMMER DIRICHLET einen vermeintlichen Beweis der FERMATschen Behauptung vorlegte, machte ihn DIRICHLET darauf aufmerksam, daß in den von KUMMER betrachteten Ganzheitsbereichen der Kreisteilungskörper die Eindeutigkeit der Primzerlegung nicht mehr zu bestehen brauche, die KUMMER als selbstverständlich angesehen hatte. KUMMER machte seinen Fehler mehr als gut durch die geniale Idee, die idealen Zahlen einzuführen, die dann für KRONECKER den Anstoß zu seiner allgemeinen Divisorentheorie und für DEDEKIND zu seiner Idealtheorie gab. In der DEDEKINDschen Idealtheorie verwandelte sich die schwierige Kompositionstheorie der Formenklassen in die auch im allgemeinsten Fall höchst einfache Theorie der Idealklassen. Die früher mit Reduktionsmethoden und mit dem von DIRICHLET vielfach angewandten Schubfachschluß bewiesenen Endlichkeitssätze für die Klassenzahl und für die Anzahl der Grundeinheiten behandelt man heute meist mit den schärferen und auch neue Resultate liefernden zahlengeometrischen Methoden von MINKOWSKI. Hat man alle diese Begriffe einmal, so läßt sich die DIRICHLETsche Theorie der ζ-Funktionen und L-Reihen fast wörtlich auf den allgemeinen Fall eines beliebigen algebraischen Zahlkörpers übertragen, wie es DEDEKIND getan hat, und diese Methoden haben ihre Zugkraft vor allem in der Klassenkörpertheorie glänzend bewährt. So beweisen wir heute den Hauptpunkt beim Beweis des Satzes von der arithmetischen Progression, nämlich $L(1, \chi) \neq 0$, in noch schönerer Weise als DIRICHLET, indem wir nicht mehr die ζ-Funktionen einer Reihe quadratischer Zahlkörper betrachten, sondern die ζ-Funktion des n-ten Kreisteilungskörpers. Das hier triviale Reziprozitätsgesetz liefert nämlich eine Aufspaltung dieser Funktion in die mit den Charakteren mod n gebildeten L-Reihen. Einen in anderer Richtung ganz wesentlichen Schritt hat RIEMANN vollzogen, als er die von EULER nur im Reellen definierte ζ-Funktion im Sinne der komplexen Funktionentheorie analytisch fortsetzte und so die Grundlage für einen Beweis des schon von GAUSS vermuteten Primzahlsatzes schuf. Die Andeutungen von DIRICHLET über den Zusammenhang gewisser Klassenzahlbestimmungen mit der Teilung der Lemniskate dürfte für KRONECKER der Anlaß gewesen sein zu einer tiefliegenden Kombination der Zahlentheorie mit der Theorie der elliptischen Funktionen, nämlich für die Theorie der sogenannten komplexen Multiplikation. Weiter stehen analytische, algebraische und arithmetische Erweiterungen der Theorie der GAUSSschen Summen auch heute noch im Vordergrund des Interesses.

Schließlich fanden die ersten Schritte von GAUSS und DIRICHLET auf dem Weg zu einer Verallgemeinerung ihrer Reziprozitätsgesetze ihr Ziel erst nach langen und schwierigen Arbeiten vieler großer Mathematiker in dem ARTINschen Reziprozitätsgesetz der Klassenkörpertheorie, das äußerlich von den alten Reziprozitätsgesetzen völlig abweicht und sie doch umfaßt. Immerhin ist der Weg vom klassenkörpertheoretischen Reziprozitätsgesetz zu dem der Potenzreste keineswegs trivial.

An diesen wenigen Beispielen sehen wir die Wirksamkeit von DIRICHLETS Ideen bis heute, und weitere direkte und indirekte Beispiele für die Vermehrung des DIRICHLETschen Gedankengutes auf den Gebieten der Analysis und der Zahlentheorie werden wir in den nun folgenden Vorträgen unserer DIRICHLET-Tagung kennen lernen.

LITERATUR

[1] G. LEJEUNE DIRICHLETS Werke, I (1889), II (1897), Berlin. Die Gedächtsnisrede von KUMMER ist in Bd. II, S. 309–344 abgedruckt.

[2] H. MINKOWSKI, PETER GUSTAV LEJEUNE DIRICHLET und seine Bedeutung für die heutige Mathematik. Jahresbericht der Deutschen Mathematiker-Vereinigung **14** (1905) 149–163.

[3] KURT-R. BIERMANN, JOHANN PETER GUSTAV LEJEUNE DIRICHLET. Dokumente für sein Leben und Wirken, Akademie-Verlag, Berlin 1959.

Les systèmes d'équations différentielles périodiques

Par ARNAUD DENJOY (Paris)

Je me suis proposé d'étudier les équations différentielles de l'espèce $dX/dz = F(X, z)$, où $X(x_1, x_2, \ldots, x_{r-1})$ et F sont deux vecteurs à $(r-1)$ composantes numériques, F ayant en outre la période 1 en chacune des variables x_i et z. On suppose F continu dans le champ de toutes les valeurs réelles des variables, et tel en outre que, par tout point $M_0(x_{i.0}, z_0)$ il passe une trajectoire intégrante et une seule $T(M_0)$, d'équation $M = f(M_0, z)$.

Ce système pose deux sortes de problèmes, éclairés par la représentation différente des points (x_i, z).

On peut figurer tous les points $(x_i + p_i, z + p)$ (p_i, p entiers quelconques), points où le vecteur F possède une même détermination, par un point unique M situé sur le tore omnicirculaire S^r à r dimensions, dans l'espace cartésien U_{r+1} à $(r+1)$ dimensions; z, variant de $-\infty$ à $+\infty$, est la longitude de M sur S^r, les x_i $(1 \leqq i \leqq r-1)$ les sous-longitudes ou latitudes successives, ces angles étant mesurés en arcs de la circonférence de longueur (et non pas de rayon) 1. La section de S^r par $z = z_0$ donne le méridien $C^{r-1}(z_0)$, qui est un tore à $(r-1)$ dimensions. Dans celui-ci $x_1 = x_{1.0}$ définit un tore $C^{r-2}(z_0, x_{1.0})$ à $r-2$ dimensions, etc.; $C(z_0, x_{1.0}, \ldots, x_{r-2.0})$ est une circonférence.

La mécanique analytique pose le problème de la *stabilité* de la trajectoire $T(M_0)$. Celle-ci est stable si elle repasse, pour des valeurs de z croissant indéfiniment, dans tout voisinage de M_0 et aussi, dès lors, dans tout vosinage de chacun de ses points.

On étudie la stabilité sur S^r par l'ensemble des points $M_n = f(M_0, z_0 + n)$ (n entier) où $T(M_0)$ rencontre $C^{r-1}(z_0)$. Cet ensemble est dense en lui-même ou isolé, selon que la trajectoire $T(M_0)$ est stable ou non.

L'autre point de vue, généralement abordé le premier, est celui de l'*ergodicité*. Le point (x, z) est représenté par le point N ayant ces r nombres pour coordonnées dans l'espace U_r; $\overrightarrow{ON}$ est le vecteur X. Au point géométrique $M(x_i, z)$ de S^r correspondent une infinité de points $N(x_i + p_i, z + p)$ de U_r. Par le point $N_0(x_{i,0}, z_0)$ de U_r passe une trajectoire $t(N_0)$ et une seule. Mais toutes les translatées de $t(N_0)$ par (p_i, p) dans U^r représentent la même trajectoire $T(M_0)$ du tore S^r. Elles sont toutes disjointes, à moins que pour un système d'entiers minimums (q_i, q) $(q > 1)$, $t(N_0)$ ne coïncide avec sa translatée par (q_i, q). Sur S^r, $T(M_0)$ est alors un cycle, se reproduisant quand z s'accroît de q, les x_i s'augmentant respectivement des q_i.

I. Le phénomène ergodique se présente quand le vecteur $(\vec{X} - \vec{X}_0)/(z - z_0)$, ou $\overrightarrow{N_0 N}/(z - z_0)$ tend vers une limite $\vec{v}(M_0)$ quand $|z|$ croît indéfiniment. *A priori*, l'ergodicitée vers les $z + \infty$ et l'ergodicité vers les $z - \infty$ sont indépendantes. Nous disons qu'il *y* a *ergodicité normale* quand la norme $|\vec{X} - \vec{X}_0|$

$-\vec{v}(z-z_0)|$ est bornée indépendamment de M_0, $\vec{v}$ étant alors évidemment indépendant lui-même de M_0.

Le vecteur $\overrightarrow{N_0 N}/(z-z_0)$ est indépendant du point M_0 choisi sur S^r pour l' origine d'une même trajectoire, et du point particulier N_0 choisi pour figurer M_0 dans U_r. On fera ci-après $z_0 = 0$; N_n étant sur $t(N_0)$ le point $z = n$, les limites du vecteur $\overrightarrow{N_0 N}/z$ sont les mêmes que celles de $\overrightarrow{N_0 N_n}/n$.

Le cube ($r = 3$) ou l'hypercube ($r > 3$) K_0 ($0 \leqq (x_i$ et $z) \leqq 1$), même dépouillé des points où l'une des coordonnées est maximum, représente dans U_r l'intégralité de S^r. Si N_0 décrit la base G_0 ($z = 0$), N_n engendre un domaine G_n ($z = n$).

Il faut outerque, si G_0 est diminué de ses points à coordonnées maximales, G_n est disjoint de tous ses translatés par $(p_1, \ldots, p_{r-1}, 0)$. Car un point commun à l'un de ceux-ci et à G_n correspondrait à deux points différents N_0, N_0' de G_0 et les trajectoires $T(M_0)$ $T(M_0')$ sur S^r se rejoindraient (entre $z = 0$ et $z = n$), contrairement à notre hypothese fondamentale.

L'extrémité du vecteur équipollent à $\overrightarrow{N_0 N_n}$ ayant son origine en 0 décrit un ensemble W_n dans le plan $z = n$. Soit $\overline{W}_n$ le plus petit domaine convexe renfermant W_n, et $\overline{w}_n$ dans le plan $z = 1$ l'homothétique de $\overline{W}_n$ avec l'origine 0 pour centre et le rapport $1/n$. Le raisonnement du cas élémentaire ($r = 2$), équation $dx/dz = F(x, z)$, montre que l'ensemble d'accumulation du vecteur $\overrightarrow{N_0 N_n}/n$ pour $n \pm \infty$ a son extrémité dans $\overline{w}_p$, quelque soit $p(\geqq 1)$, donc dans $\overline{w} = \Pi\, \overline{w}_p$. L'ergodicité se manifestera uniformément sur toutes les trajectoires si $\overline{w}$ se reduit à un point $(\alpha_1, \ldots, \alpha_{r-1}, 1)$; $\vec{v}(M_0)$ indépendamment de M_0 est le vecteur $\vec{v}(\alpha_1, \ldots, \alpha_{r-1})$; $(x_i - x_{i.0})/(z - z_0)$ tend vers α_i, pour $z \pm \infty$, z_0 étant invariable. *A fortiori* en est-il ainsi quand l'ergodicité est normale, $|x_i - x_{i.0} - \alpha_i (z - z_0)|$ étant alors borné, indépendamment de M_0.

Il est possible, des le cas de $r = 3$ [$X = (x, y)$, $F = F(x, y, z)$], de faire que $\overline{w}$ contienne un carré un cube etc. côtés aussi grands qu'on le veut; et que, parmi les trajectoires sur S^r, figurent une infinité de cycles indépendants, correspondant à des systèmes de périodes (r, m, p) différents, l'ensemble des points $(r/p, m/p, 1)$ étant partout dense sur $\overline{w}$.

Il est à remarquer que, dans le cas des trajectoires sur le tore simple ($r = 2$), $\overline{w}$ se réduit toujours â un point unique α, la présence de cycles se traduisant simplement par le fait que α est rationnel.

On pourrait se demander, dans le cas de l'ergodicité uniforme, et même normale, s'il existe, comme dans le cas du tore élémentaire ($r = 2$) une relation topologique simple, indépendante de M_0 entre la répartition sur le méridien $C^{r-1}(0)$ (où l'on prendra M_0) des points M_n de $t(M_0)$ d'une part, et des points $(n\,\alpha_i)$ d'autre part $(-\infty < n < +\infty)$.

II. Passons à la stabilité des trajectoires T sur S^r.

Nous aurons à considérer la classe des continus K possédant la propriété que la trajectoire $T(M_0)$ de tout point M_0 de K est intégralement sur K. Cette définition conviendrait aux cycles. Nous exclusons ce cas particulier. Une suite de continus K^n de l'espèce précédente possède en commun un continu qui est soit un cycle, soit un continu K de la même catégorie.

Parmi ces continus, nous appellerons *echeveau* de trajectoires un continu K' tel que la trajectoire de tout point de K' est située et *partout dense* sur K', le cas du cycle étant encore exclu. La section de K' par $C^{r-1}(0)$ est un ensemble parfait P^{r-1}. Si M_0 est sur K', l'intersection de la trajectoire $T(M_0)$ avec $C^{r-1}(0)$ est un ensemble dénombrable partout dense sur P^{r-1}.

Theorème. — *Le système des trajectoires intégrant l'équation* $dx/dz = F(X, z)$ *du type considéré contient au moins un cycle ou un écheveau.*

Soit M_0 un point quelconque de $C^{r-1}(0)$. Nous appelons t point d'accumulation de $T(M_0)$, d'équation $M = f(M_0, z)$, tout point limite d'une suite $f(M_0, z_n)$, $|z_n|$ croissant indéfiniment avec n entier. L'ensemble d'accumulation de $T(M_0)$ (que nous abrégeons en T^0) forme *a priori* deux continus $\sum^+(T^0)$, $\sum^-(T^0)$ correspondant à $z + \infty$ et à $z - \infty$. On voit immédiatement que chacun de ces continus est de l'espèce K. Sont-ils toujours de l'espèce K' ? Je l'ignore. S'il en était ainsi le théoréme serait établi par avance.

Si aucun des deux continus n'est un K', pour chacun il existe sur lui une trajectoire particulière T^1 et un point I^1 à distance positive d_1 de T^1. On peut supposer d_1 supérieur ou demi-maximum pour l'un et l'autre des deux continus. On désigne par K^1 celui des deux où se situent alors T^1 et I^1. Avec T^1 on recommence. On considère les continus $\sum^+(T^1)$ et $\sum^-(T^1)$. Le nombre d_2 correspondant est au plus égal à d_1. On met en évidence une suit de continus K^p d'espèce K, décroissants; d_p non croissant doit tendre vers zéro, puisque I^p est â une distance $\geqq d_h$ de I^h si $h < p$. Les K^p ou bien s'arrêtent à un dernier continu, ou bien ils sont en infinité et ont en commun un continu où d serait nul. Dans l'une et l'autre cas, ce continu terminal est un cycle ou un écheveau.

Toutes ces conclusions énoncées, pour le cas re r quelconque $\geqq 3$, sont déjà réalisées pour $r = 3$.[1])

---

[1]) On trouvera une étude détaillée de ces questions dans une série de sept Notes que j'ai données aux Comptes Rendus de l'Académie des Sciences de Paris, d'octobre 1958 à février 1959. Ces Notes réunies ont paru en brochure.

Theorie der regulären DIRICHLETschen Zerlegungen des n-dimensionalen euklidischen Raumes

Von B. DELAUNAY (Moskau)

DIRICHLET hat in seiner Arbeit über die Reduktion der ternären quadratischen Formen den Bereich betrachtet, der aus allen denjenigen Punkten der Ebene besteht, welche von einem der Punkte eines gegebenen ebenen Punktgitters einen geringeren Abstand haben als von allen anderen Punkten desselben Gitters. Es ergab sich, daß es ein gewisses Sechseck ist. Es war das erste Beispiel für eine umfassendere Fragestellung, die auch für die Physik von Bedeutung sein dürfte.

FJODOROW hat meines Wissens als Erster die Frage nach den allgemeinen regulären Zerlegungen der Ebene in Polygone (welche er Planigone nannte) und des Raumes in Polyeder (welche er Stereoeder nannte) aufgeworfen. Für die Ebene ist jetzt diese Frage in meiner ausführlichen Arbeit vollständig gelöst, die in den „Известия АН СССР, серия матем., 23 (1959), S. 365–386 unter dem Titel „Теория планигонов" erschienen ist.

Ich will als Einführung in meinen Vortrag über die DIRICHLETschen Zerlegungen vorher diese Arbeit über Planigone skizzieren.

Der erste Teil diese Arbeit ist rein topologisch. n Punkte, die zyklisch durch n topologisch gegebene Strecken verbunden sind, heißen ein *Polygon*. Ein System von Polygonen, welches den folgenden 5 Bedingungen genügt, nennen wir ein *Netz*:

1. Jede Seite jedes Polygons des Systems ist Seite genau eines anderen Polygons des Systems.
2. Das System ist zusammenhängend im Sinne der Nachbarschaften der Polygone bezüglich der Seiten.
3. Die Polygone des Systems, die einen Eckpunkt gemeinsam haben, bilden einen Zyklus.
4. Die Anzahl der Seiten eines jeden Polygons ist mindestens gleich 3.
5. Die Anzahl der Polygone, die einen Eckpunkt gemeinsam haben, ist ebenfalls mindestens gleich 3.
6. Zwei beliebige verschiedene Polygone des Systems haben entweder keinen Punkt oder nur einen Eckpunkt oder nur eine Seite gemeinsam.

Wir nennen ein Netz *regulär*, wenn für zwei beliebige seiner Polygone A und B eine isomorphe topologische Abbildung des Netzes auf sich selbst existiert, bei der das Polygon A in das Polygon B übergeht.

Wenn die volle Gruppe aller dieser Abbildungen eine Untergruppe besitzt, bei der jedes Polygon in jedes andere durch genau eine Abbildung der Gruppe übergeht, so nennen wir diese Untergruppe eine Fundamentalgruppe des Netzes. Ob aber ein reguläres Netz immer eine Fundamentalgruppe besitzt, wissen wir nicht. Wenn aber für das betrachtete Netz eine Fundamentalgruppe existiert und wir die Seiten in irgendeinem Polygon durch Buchstaben bezeichnen, so werden diese Bezeichnungen in allen anderen Polygonen durch diese Gruppe eindeutig festgelegt. Jede Seite des ursprünglichen Polygons wird also durch eine ganz bestimmte Seite des anliegenden Polygons bedeckt. Dieses anliegende Polygon kann außerdem entweder denselben oder den entgegengesetzten Umlaufsinn wie das ursprüngliche Polygon haben. Seien z. B. *a*, *b*, *c*, *d*, *e*, *f* die Seiten des ursprünglichen Polygons (Abb. 1). Die anliegenden Seiten sind dann in der gleichen Reihenfolge: *c* (mit Spiegelung), *e* (mit Spiegelung), *a* (mit Spiegelung), *d* (ohne Spiegelung), *b* (mit Spiegelung), *f* (ohne Spiegelung). Dann führen wir das Symbol

$$[a\bar{c},\ b\bar{e},\ c\bar{a},\ dd,\ e\bar{b},\ ff]$$

ein und nennen es *Symbol der Nachbarschaft*. Dieses Symbol bestimmt die Fundamentalgruppen vollständig.

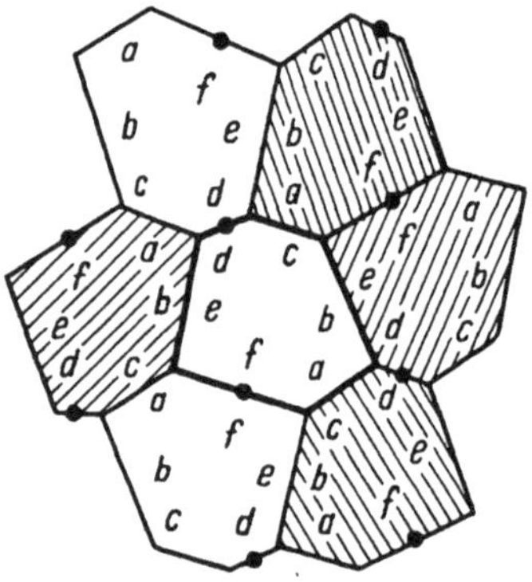

Abb. 1

Wir werden sagen, daß in einem Netz das Fundamental-Lemma der Integralrechnung erfüllt ist (was immer bei einem euklidischen regulären Netz eintritt), wenn es in diesem Netz eine solche unendliche Folge von einfach zusammenhängenden endlichen Komplexen von Polygonen gibt, daß das Verhältnis der Anzahl der Polygone eines solchen Komplexes, die an seiner Berandung anliegen, zur Anzahl seiner inneren Polygone gegen Null strebt. Ich beweise den den Kristallographen in anderer Fassung wohlbekannten Satz (s. z. B. A. Б. Шубников, Известия АН, 1916 oder Laves, Z. f. Kristall (1931)): Es gibt genau 11 topologisch verschiedene reguläre Netze, welche dieser Bedingung genügen (Abb. 2).

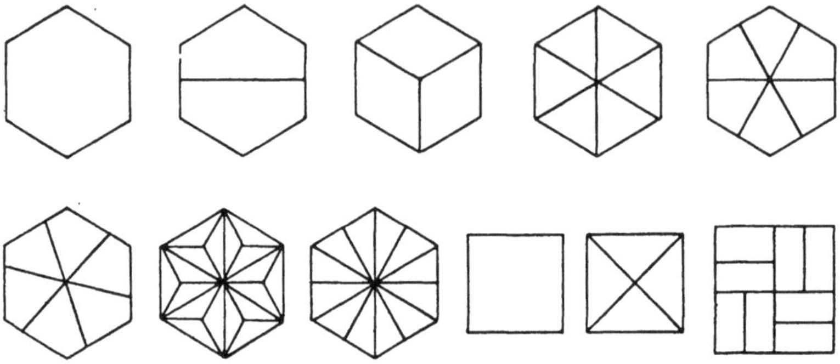

Abb. 2

Durch Betrachtung der Symbole der Nachbarschaft beweise ich weiter, daß für jedes dieser 11 Netze Fundamentalgruppen existieren, und zwar für manche davon mehr als eine. Die Anzahl aller Fundamentalgruppen ist gleich 46. Alles das sind rein kombinatorisch-topologische Dinge. Daraus folgt unter anderem eine neue, rein topologische Ableitung der zweidimensionalen kristallographischen Gruppen. Ich gebe weiter in der oben zitierten Arbeit die notwendigen und hinreichenden Bedingungen, unter denen diese 46 Symbole Zerlegungen der Ebene in konvexe Fundamentalbereiche der zweidimensionalen kristallographischen Gruppen liefern, oder in DIRICHLETsche Bereiche. Es ergibt sich, daß für alle 46 Symbole solche Zerlegungen existieren.

Leider läßt sich dieselbe Frage schon für den 3-dimensionalen euklidischen Raum von diesem topologischen Standpunkt aus bis jetzt nicht lösen.

Das analoge Problem in einer etwas spezielleren Fragestellung, die aber für den Physiker am wichtigsten sein dürfte, läßt sich aber nicht nur für den 3-dimensionalen, sondern auch für den n-dimensionalen euklidischen Raum vollständig lösen.

Sei E ein beliebiges diskretes Punktsystem im n-dimensionalen euklidischen Raum und O einer seiner Punkte. Die Menge aller der Punkte des Raumes, die von dem Punkt O einen geringeren Abstand haben als von jedem anderen Punkt des Systems E, nennt man den DIRICHLETschen Bereich des Punktes O im System E. Die Menge der DIRICHLETschen Bereiche aller Punkte des Systems E (die immer konvexe Polyeder sind) nennen wir eine DIRICHLETsche Zerlegung des Raumes in Bezug auf das System E.

Es sei G eine n-dimensionale kristallographische Gruppe und A ein fester Punkt. Dann ist die Menge $\{A_G\}$ ein sogenanntes reguläres Punktsystem. Die DIRICHLETsche Zerlegung des n-dimensionalen Raumes in Bezug auf dieses System nenne ich eine reguläre DIRICHLETsche Zerlegung des Raumes. Diese Teilung hängt ab:

1. von der gegebenen Gruppe G,
2. von den r metrischen Konstanten dieser Gruppe; das heißt von den r unabhängigen Koeffizienten $a_1, a_2, \ldots, a_r$ der metrischen quadratischen Form des Punktgitters $\{A_T\}$, wobei T die Translationsuntergruppe von G ist, und
3. von den n Koordinaten $x_1, x_2, \ldots, x_n$ des Punktes A,

also bei gegebener Gruppe G von $r + n$ Parametern. In einer ausführlichen Arbeit, die ich gemeinsam mit meiner Schülerin NINA SANDAKOWA durchgeführt habe, geben wir einen Algorithmus, mit dessen Hilfe man die topologischen und die metrischen Eigenschaften solcher Raumteilungen vollständig finden kann. Wir definieren in dem $(r + n)$-dimensionalen Parameter-Raum des Problems einen reduzierten Bereich. Unser Algorithmus erlaubt uns, diesen Bereich in endlich viele Phasenräume derart zu zerschneiden, daß, wenn ein Punkt sich innerhalb eines und desselben Phasenraumes bewegt, die Topologie der ihm entsprechenden DIRICHLETschen Zerlegung und das Nachbarschaftssymbol ungeändert bleiben. Die Metrik der Teilung ist dann durch die Lage des Parameterpunktes in diesem Phasenraum bestimmt. Dieser Algorithmus fußt auf zwei Theorien: 1. der Methode der leeren Sphäre, welche ich schon 1924 (Congress von Torento) veröffentlicht habe und 2. der algebraischen Darstellung der n-dimensionalen kristallographischen Gruppen. (Siehe z. B. ZASSENHAUS, Acta mathematica Helvetica (1947).) Außerdem benutzen wir zwei neue Theoreme der Geometrie der Zahlen.

Ich will ganz kurz die Methode der leeren Sphäre skizzieren. Um den DIRICHLETschen Bereich des Punktes O in einem beliebig gegebenen System E zu erhalten, kann man folgendermaßen vorgehen. Betrachten wir eine „leere Sphäre", d. h. eine Sphäre, die keine Punkte des Systems E in ihrem Inneren enthält.

Dann ist der DIRICHLETsche Bereich eines Punktes O des Systems E offenbar nichts anderes als die Gesamtheit der Mittelpunkte aller leeren Sphären, die durch den Punkt O hindurchgehen. Um mit Hilfe der leeren Sphäre die Theorie der DIRICHLETschen Zerlegungen aufzubauen, ist es zweckmäßig, folgende Polyeder zu betrachten: Nehmen wir eine leere Sphäre, auf der eine n-dimensionale Menge von Punkten des Systems E liegt (und solche leere Sphären gibt es immer). Die konvexe Hülle aller Punkte des Systems E, die auf einer solchen leeren Sphäre liegen, nennen wir ein L-Polyeder. Ich beweise, daß die Polyeder L eine Zerlegung des n-dimensionalen Raumes bilden und daß diese L-Zerlegung sowohl topologisch als auch in bestimmtem Sinne metrisch dual zur DIRICHLETschen Zerlegung D ist. Die Bestimmung der D-Zerlegung reduziert sich somit auf eine Bestimmung der L-Zerlegung.

Für ein reguläres System von Punkten $\{A_G\}$ genügt es, nur einen einzigen „Stern" der L-Zerlegung zu finden, das heißt, nur das System aller derjenigen L-Polyeder, die einen Eckpunkt gemeinsam haben.

Wir beweisen:

Theorem I. Der Stern L_A des Punktes A liegt in dem linear verdoppelten DIRICHLETschen Bereich $2\,D_T$ des Punktes A im Gitter $\{A_T\}$, sowie das von N. SANDAKOWA stammende

Theorem II. Seien $\mathfrak{a}_1, \mathfrak{a}_2, \ldots, \mathfrak{a}_n$ die Vektoren der nach MINKOWSKI reduzierten Basis des Gitters $\{A_T\}$ und sei M das Parallelepiped, das entsteht, wenn man durch die Endpunkte dieser Vektoren sowie der ihnen entgegengesetzten Vektoren $-\mathfrak{a}_1, -\mathfrak{a}_2, \ldots, -\mathfrak{a}_n$ die zu ihnen orthogonalen $n-1$-dimensionalen Ebenen legt. Dann sind die absoluten Werte der Koordinaten aller Punkte des Parallelepipeds M in Bezug auf diese Basis kleiner als eine Konstante, die nur von der Dimension n abhängt.

Diese zwei Theoreme, die algebraische Darstellung der Gruppe G durch die Substitutionen

$$x_i' = b_{i1}\,x_1 + b_{i2}\,x_2 + \cdots + b_{in}\,x_n + c_i^{(j)} + t_i \qquad (i = 1, 2, \ldots, n)$$

und die Theorie der L-Zerlegung liefern für jede gegebene Gruppe G eine endliche Matrix, deren Untersuchung den oben erwähnten Algorithmus gibt.

Man erhält diese Matrix folgendermaßen. Nach zwei besonderen vereinfachenden Transformationen, deren erste schon VORONOÏ benutzte, erhält man die Bedingung, daß der Punkt $(x_1, x_2, \ldots, x_n)$, wobei x_i die Koordinaten in bezug auf die reduzierte Basis sind, außerhalb der Sphäre liegt, die durch die Punkte $(x_1^{(p)}, x_2^{(p)}, \ldots, x_n^{(p)})$ $(p = 1, 2, \ldots, n+1)$ geht, in der Form

$$\begin{vmatrix} 0, & x_1, & x_2, & \ldots, & x_n, & 1 \\ \nabla_1, & x_1^{(1)}, & x_2^{(1)}, & \ldots, & x_n^{(1)}, & 1 \\ \nabla_2, & x_1^{(2)}, & x_2^{(2)}, & \ldots, & x_n^{(2)}, & 1 \\ \vdots & & & & & \\ \nabla_{n+1} & x_1^{(n+1)}, & x_2^{(n+1)}, & \ldots, & x_n^{(n+1)}, & 1 \end{vmatrix} > 0\,,$$

wobei

$$\nabla_p = \frac{\partial f}{\partial x_1^{(p)}}\,(c_1^{(i)} + t_1^{(p)}) + \cdots + \frac{\partial f}{\partial x_n^{(p)}}\,(c_n^{(j)} + t_n^{(p)}) + f\,(c_i^{(j)} + t_i^{(p)})$$

ist. Hier bezeichnet f die metrische quadratische Form der reduzierten Basis, und die Koordinaten sind

$$x_i^{(p)} = b_{i1} x_1 + b_{i2} x_2 + \cdots + b_{in} x_n + c_i^{(j)} + t_i^{(p)},$$

wobei $c_i^{(j)}$ gewisse durch die Gruppe G bestimmte Zahlen $0 \leqq c_i^{(i)} < 1$ sind und $t_i^{(p)}$ ganz rational. Die V_p sind also in den Koordinaten x_i und den Koeffizienten a_{ik} von f linear.

Man betrachte alle die den Zeilen dieser Determinante analogen Zeilen für alle diejenigen Punkte $A^{(\varkappa)}$ $(\varkappa = 1, 2, \ldots, m)$ von $\{A_G\}$, die in dem Parallelepiped M bei allen möglichen $0 \leqq x_i < 1$ liegen können. Ihre Anzahl m für beliebige $0 \leqq x_i < 1$ des Punktes A und beliebige Metrik der reduzierten Basis ist nach Theorem II kleiner als eine nur von n abhängige Konstante. Diese Punkte können leicht bestimmt werden. Wenn man alle solche Zeilen aufschreibt, so erhält man für die gegebene Gruppe G eine völlig bestimmte m-reihige Matrix

$$\begin{pmatrix} 0, & x_1, & x_2, & \ldots, & x_n, & 1 \\ V_1, & x_1^{(1)}, & x_2^{(1)}, & \ldots, & x_n^{(1)}, & 1 \\ V_2, & x_1^{(2)}, & x_2^{(2)}, & \ldots, & x_n^{(2)}, & 1 \\ \vdots & & & & & \\ V_m & x_1^{(m)}, & x_2^{(m)}, & \ldots, & x_n^{(m)}, & 1 \end{pmatrix}$$

als Funktion der $n + r$ Parameter $x_1, x_2, \ldots, x_n, a_1, a_2, \ldots, a_r$ (Matrix von SANDAKOWA).

Alles weitere reduziert sich auf die Untersuchung aller Unterdeterminanten $(n + 2)$-ten Grades, die man aus dieser Matrix bilden kann. Einige von ihnen werden identisch in den Parametern $x_1, x_2, \ldots, x_n, a_1, a_2, \ldots, a_r$ gleich Null. Für die anderen muß man die Bereiche des reduzierten Parameterraumes untersuchen, in denen sie positiv oder negativ sind. Das ganze Problem der Auffindung der Topologie, des Symbols der Nachbarschaft und der möglichen Metrik aller regulären DIRICHLETschen Zerlegungen des n-dimensionalen euklidischen Raumes reduziert sich so auf die rein algebraische Untersuchung dieser Matrix.

Die Zerlegungen der reduzierten Parameterbereiche in Phasenräume wurden durch N. SANDAKOWA mit Hilfe dieses Algorithmus für alle 17 ebene kristallographische Gruppen berechnet. Es ergaben sich selbstverständlich wieder die 46 oben erwähnten Fälle, aber außerdem noch die in den $r + n$ Parametern des Problemes ausgedrückten notwendigen und hinreichenden Bedingungen für alle diese Fälle und die metrischen Charakteristiken der entsprechenden DIRICHLETschen Bereiche D.

Die Rechnungen für die dreidimensionalen kristallographischen Gruppen sind in Angriff genommen, aber sie sind ziemlich umfangreich und bis jetzt von uns noch nicht bis zu Ende geführt.

Über einige Begriffe der modernen axiomatischen Potentialtheorie

Von M. BRELOT (Paris)

1. Ich danke der Deutschen Akademie der Wissenschaften herzlich für ihre Einladung und die Gelegenheit, die ich heute habe, von dem sogenannten DIRICHLETschen Problem zu sprechen, das ich seit 30 Jahren so oft studiert habe. Voriges Jahr sprach ich schon vor der Berliner Mathematischen Gesellschaft darüber. Da dieses Problem mit der allgemeinen Potentialtheorie eng verbunden ist, möchte ich zuerst einen Überblick über gewisse moderne Entwicklungen der Potentialtheorie geben und zum Schluß einige neuere Anwendungen für das DIRICHLETsche Problem anzeigen.

Die geniale Arbeit von GAUSS über die Potentialtheorie im Jahre 1840 blieb noch 100 Jahre später eine wichtige Basis für die modernen Untersuchungen. Nachdem alles im euklidischen Raum genauer studiert und sehr vertieft wurde, dachte man an verschiedene Verallgemeinerungen. Alle Gebiete der Mathematik werden heute nach und nach axiomatisiert. Einige Franzosen und Japaner begannen vor 20 Jahren mit der Axiomatisierung der Potentialtheorie, die jetzt schon sehr weit fortgeschritten ist. Sie bietet dafür außerordentlich viele Möglichkeiten, weil mehrere Strukturen und Gesichtspunkte der Ausgangspunkt für selbständige Entwicklungen sind.

2. Als erstes Beispiel betrachten wir einen lokalkompakten Raum Ω und einen Kern $G(x, y) \geqq 0$, der nicht notwendig symmetrisch ist. Es ist bequem, aber nicht unbedingt notwendig, den Kern als nach unten halbstetig vorauszusetzen. Man führt das Potential $\int G(x, y)\, d\mu(y)$ ein, wobei μ ein RADONsches Maß auf Ω ist, und versucht eine Kapazitätstheorie, eine BALAYAGE-Theorie usw. zu entwickeln, natürlich mit gewissen Einschränkungen für den Kern. Besser gesagt, man versucht diejenigen Kerne zu bestimmen, für welche solche Theorien entwickelt werden können, oder vergleicht direkt die Voraussetzungen über den Kern. Zum Beispiel sagt man nach CHOQUET, ein Kern ist regulär, falls aus dem Sachverhalt, daß die Einschränkung irgendeines Potentials auf den abgeschlossenen Träger des Maßes endlich und stetig ist, die Endlichkeit und Stetigkeit des Potentials im ganzen Raum folgt. Die endlichen und stetigen Potentiale erscheinen also als ein Werkzeug, welches mit der Funktionalanalysis systematisch benützt werden kann. Mit solchen Untersuchungen beschäftigt sich zum Beispiel Herr Dr. ANGER in Dresden. Die Untersuchungen über die Kerne sind schwer und gar nicht erschöpft. Deswegen haben CHOQUET und DENY neulich den besonderen Fall studiert, wo es nur endlich viele Punkte gibt. Diese Untersuchungen waren gar nicht trivial.

Als zweites Beispiel bemerkte man, nach MARCEL RIESZ, daß das klassische Potential $\int \frac{\varrho(x)\, dx}{\|x - y\|}$ (mit der Dichte ϱ und dem LEBESGUEschen Maß dx) durch eine Faltung $1/r \times \varrho$ erzeugt wird. Nach und nach wurden im euklidischen Raum „Produkte" von SCHWARTZschen Distributionen $S \times T$ betrachtet, wobei die eine, der Kern, bestimmt ist und die zweite die Dichte ϱ ersetzt. Vor 10 Jahren gelang es DENY, mit passenden Einschränkungen eine Theorie zu entwickeln, die die klassische Theorie der Energie von H. CARTAN verallgemeinerte. Mit Maßen statt Distributionen entwickelten CARTAN und DENY eine etwas ähnliche Theorie auf topologischen Gruppen. Bei diesen Betrachtungen wurde die Energie vermieden.

3. Andererseits wurde neulich eine sehr umfangreiche Theorie von HUNT mit neuen Kernen unter Benützung der Wahrscheinlichkeitsrechnung veröffentlicht. Aber es gibt auch Gesichtspunkte ohne Kern. Zum Beispiel verschafft das DIRICHLETsche Integral eine Norm mit gewissen Eigenschaften. Daraus entwickelten BEURLING und DENY eine axiomatische Theorie der „DIRICHLETschen Räume", wobei die Potentiale ohne Kern am Anfang definiert werden.

Von allen diesen ausgedehnten Theorien kann ich hier natürlich nicht sprechen. Ich möchte nur eine ein wenig ausführlich studieren. Sie ist die Axiomatisierung der harmonischen und superharmonischen Funktionen, die von F. RIESZ im euklidischen Raum eingeführt wurden. Diese Axiomatik wurde von TAUTZ und DOOB eingeführt, aber ich habe sie etwas anders entwickelt, so daß es möglich ist, sehr weit und sehr ähnlich dem klassischen Fall zu gehen. Eine Schülerin von mir, Frau HERVÉ, arbeitet jetzt weiter in dieser Richtung.

4. Der Raum Ω wird lokal kompakt, nicht kompakt, zusammenhängend und lokal zusammenhängend vorausgesetzt. Es ist bequem, den ALEXANDROFFschen Punkt einzuführen; so bekommen wir $\overline{\Omega}$, dessen Topologie benützt werden wird.

Jeder offenen Menge $\omega \subset \Omega$ entspricht ein Vektorraum von reellen endlichen stetigen Funktionen, die harmonisch genannt werden, und die die folgenden Eigenschaften besitzen:

Axiom 1. Falls u harmonisch in ω ist, so ist es das in jedem $\omega_0 \subset \omega$. Falls u in $\bigcup \omega_i$ definiert und harmonisch in jedem ω_i ist, dann ist es harmonisch in $\bigcup \omega_i$.

Axiom 2. Zuerst nennen wir jede offene Menge $\omega \subset \overline{\omega} \subset \Omega$ regulär, die die folgende Eigenschaft besitzt: Jede auf dem Rand ω^* endliche reelle stetige Funktion f besitzt in $\overline{\omega}$ eine einzige stetige Fortsetzung, die harmonisch in ω ist, und diese Fortsetzung soll $\geqq 0$ sein, falls $f \geqq 0$ ist.
Nach diesen Voraussetzungen ist sie $H_f(x) = \int f \, d\varrho_x^\omega$, wo $d\varrho_x^\omega$ ein RADONsches Maß $\geqq 0$ ist (das sogenannte harmonische Maß).

Nun lautet das zweite Axiom:

Es gibt eine Basis von offenen Mengen (deshalb auch von Gebieten), die regulär sind.

Axiom 3. Jede zunehmende geordnete filternde Menge von in einem Gebiet harmonischen Funktionen konvergiert gegen $+\infty$ oder eine harmonische Funktion.

Eine äquivalente Form lautet: Für jedes reguläre Gebiet ω (oder für die Gebiete einer Basis von regulären Gebieten) definiert $d\varrho_x^\omega$ eine Summierbarkeit, die unabhängig von x ist, und für f, das $d\varrho_x^\omega$-summierbar vorausgesetzt wird, ist $\int f \, d\varrho_x^\omega$ eine stetige Funktion von $x \in \omega$.

Bemerkungen.

1. Wenn Ω eine abzählbare Basis besitzt, ist das Axiom 3 äquivalent mit der Aussage mit zunehmenden Folgen.

2. Als Korollar des Axioms 3 (sogar mit Folgen) bemerken wir den folgenden wichtigen Satz: Eine harmonische Funktion, die in einem Gebiet gegeben und $\geqq 0$ ist, ist überall >0 oder überall gleich Null. Anders gesagt, wenn eine harmonische Funktion ein Minimum Null in einem Punkt besitzt, ist sie in einer Umgebung gleich Null.

3. Im Falle, wo die Konstanten harmonisch sind, kann man daraus ein Minimum- (und Maximum-) Prinzip folgern: In jedem offenen ω gilt für jedes harmonische n:

$u \geqq Inf$ (lim $inf \,.\, u$ in jedem Randpunkt von ω).

4. Bemerken wir, daß alle Quotienten u/h, wo u irgendeine harmonische Funktion und h eine bestimmte endliche stetige Funktion >0 in Ω sind, die 3 Axiome befriedigen (mit denselben regulären Gebieten). Ist außerdem h harmonisch, so enthält die Menge der betrachteten Quotienten die Konstanten.

Falls es also eine harmonische Funktion $h > 0$ in Ω gibt, ist es vorteilhaft, die Probleme mit den Funktionen u/h (wir sagen h-harmonische Funktionen) zu betrachten.

5. Das Axiom 3 betrachtet nur zunehmende (oder abnehmende) Folgen oder geordnete filternde Mengen. Das genügt für einen großen Teil der Theorie, aber nicht für alle Fragen. Deswegen wird man auch ein stärkeres Axiom einführen (das also 3 zur Folge hat).

Axiom 3'. In jedem Gebiet (oder in den Gebieten einer Basis) besitzen die harmonischen Funktionen $\geqq 0$ folgende Eigenschaften:

α) jede ist überall <0 oder überall $=0$.

β) (HARNACKsche Eigenschaft). Positive harmonische Funktionen, die in einem Punkt z_0 gleich 1 sind, sind gleichgradig stetig in x_0, oder, was (mit Benützung von α) äquivalent ist, bilden eine kompakte Menge (von endlichen stetigen Funktionen) mit der Topologie der gleichmäßigen Konvergenz auf jeder kompakten Menge.

Beispiele. Zuerst natürlich die gewöhnlichen harmonischen Funktionen und, als Verallgemeinerung davon, die Lösungen der Gleichungen vom elliptischen Typus im R^n:

$$\sum_{i,m} a_{im} \frac{\partial^2 u}{\partial x_i \, \partial x_m} + \sum_i b_i \frac{\partial u}{\partial x_i} + c\,u \geqq 0 \qquad (c \leqq 0)$$

mit einigen Regularitätseigenschaften für die Funktionen a_{im}, b_i, c. Es ist möglich, dieses Beispiel zu erweitern, aber es wäre nützlich, ganz andere Beispiele zu finden, z. B. um weiter Gegenbeispiele bilden zu können.

5. *Ober- und superharmonische Funktionen.* In einer offenen Menge $\omega_0 \subset \Omega$ wird eine reelle Funktion v oberharmonisch genannt, wenn 1. $v > -\infty$, 2. v unterhalb stetig ist, 3. für jedes reguläre Gebiet $\omega \subset \overline{\omega} \subset \omega_0$ gilt: $v(x) \geqq \int v \; d\varrho_x^\omega$ (endlich oder $+\infty$).

Tatsächlich – aber das ist gar nicht unmittelbar zu sehen – genügt statt 3. die folgende Bedingung: Für jeden Punkt x und die regulären ω, die zu einer

Basis gehören und die x enthalten, gilt die Ungleichung. Deshalb ist die Definition von lokalem Charakter, genau wie die der harmonischen Funktionen.

Eine wichtige Eigenschaft ist, daß eine solche Funktion in einem Gebiet $+\infty$ oder endlich auf einer dichten Menge ist. In diesem zweiten Fall sagt man, daß die Funktion superharmonisch ist. In einer offenen Menge wird eine Funktion superharmonisch genannt, wenn sie in jeder Komponente superharmonisch ist.

Nun betrachten wir eine superharmonische Funktion v. Falls eine harmonische Funktion existiert, die $\leqq v$ ist (z. B. wenn $v \geqq 0$), dann existiert eine größte harmonische Minorante. Wenn die größte harmonische Minorante 0 ist, so sagt man, daß v ein positives Potential, kurz ein *Potential* ist.

Im euklidischen Fall sind diese Potentiale genau die GREENschen Potentiale $\int G(x, y)\, d\mu$ $(\mu \geqq 0)$, wo der Kern G die GREENsche Funktion der Menge ω_0 ist.

In unserem allgemeinen Fall haben wir keinen Kern. Wir versuchen alles zu verallgemeinern, was in der klassischen Theorie ohne Kern ausgedrückt und bewiesen werden kann. Es ist merkwürdig, daß man sehr weit gehen kann.

6. *Integral-Darstellung der positiven superharmonischen Funktionen.* Im euklidischen Fall ist die GREENsche Funktion $G_y(x)$ vom Pol y *nicht* die Summe von zwei Potentialen, die nicht gleich Null und nicht proportional sind. Anders gesagt ist $\frac{G_y(x)}{\int G_y(x)\, d\varrho_{x_0}^{\omega_0}(x)}$ ein extremales Element der Menge der positiven Potentiale $v(x)$, die durch die folgende Bedingung normiert werden: $\int v\, d\varrho_{x_0}^{\omega_0} = 1$. Die klassische Integraldarstellung eines Potentials $\int G_y(x)\, d\mu(y)$ oder $\int \frac{G_y(x)}{\int G_y(x)\, d\varrho_{x_0}^{\omega_0}}\, d\mu(y)$ ist also eine Darstellung durch extremale normierte Potentiale.

Andererseits kennt man auch für die klassischen positiven harmonischen Funktionen die Integraldarstellung von MARTIN, die durch extremale normierte positive harmonische Funktionen ausgedrückt wird und die das POISSON-STIELTJESsche Integral des Kreises verallgemeinert.

Es war also natürlich, diese Darstellungen von RIESZ und MARTIN zu verallgemeinern. Dieses ist möglich dank einer passenden Topologie auf der Menge S^+ der positiven superharmonischen Funktionen und dank dem Satz von CHOQUET über die extremalen Elemente in Vektorräumen (der den Satz von KREIN-MILMAN sehr verbessert). Aber ich brauche dafür weitere Voraussetzungen. Tatsächlich setze ich voraus, gleichzeitig mit einer abzählbaren Basis in Ω und den Axiomen 1, 2, 3′, das folgende Axiom 4 (das vielleicht eine Folge ist!). Sagen wir, daß ein reguläres Gebiet „ganz bestimmend" ist, wenn jedes Potential in Ω ganz bestimmt ist, falls es außerhalb ω gegeben und in ω harmonisch ist. Dann:

Axiom 4. Es gibt eine Basis von ganz bestimmenden regulären Gebieten.[1]

7. Aber ich möchte von einem anderen Teil der Potentialtheorie etwas mehr sprechen, wobei man nicht 3′ und 4 braucht, sondern die Konvergenzsätze der superharmonischen Funktionen. Um den großen Konvergenzsatz zu beweisen, braucht man, statt 3′ und 4, außer 1, 2, 3 das folgende:

Axiom D (Dominationsaxiom): v sei in Ω ein lokal beschränktes Potential, harmonisch in einer offenen Menge ω. Jedes Potential $\geqq v$ außerhalb ω ist auch

[1]) Kurz nach diesem Vortrag gelang es Frau HERVÉ, dank einer passenden Topologie auf S^+ dieses Axiom zu vermeiden.

$\geqq v$ auf ω (als besonderer Fall ist ω die größte offene Menge, wo v harmonisch ist; ω wird Träger von v genannt).

Es gibt verschiedene äquivalente Formen dieses Axioms, z. B. die folgende im Falle einer abzählbaren Basis von Ω (teilweise von Frau HERVÉ bewiesen).

Axiom R (Regularitätsaxiom): v sei ein lokal beschränktes Potential, dessen Einschränkung auf dem Träger stetig ist. Dann ist v stetig in Ω. In den Entwicklungen der verschiedenen axiomatischen Theorien trifft man ähnliche Axiome, z. B. die Voraussetzung, daß der Kern regulär ist, in dem oben angegebenen Sinn.

Im Falle einer abzählbaren Basis von Ω gilt dank der Axiome 1, 2, 3, D (oder R) der folgende Konvergenzsatz.

Konvergenzsatz: Die untere Enveloppe einer Menge von in Ω positiven superharmonischen Funktion ist gleich einer superharmonischen Funktion, abgesehen von einer *polaren* Menge.

Hierbei ist eine polare Menge irgendeine Teilmenge, wo ein Potential in Ω gleich $+\infty$ ist.

Dieser Satz ist der Schlüssel für die weiteren Entwicklungen der Potentialtheorie. Es ist nicht unmöglich, daß im Falle z. B. einer abzählbaren Basis von Ω der Konvergenzsatz äquivalent mit (D) oder einfach eine Folge von 1, 2, 3′ ist. Wir wissen das nicht. Beispiele, Gegenbeispiele wären nötig. Es gibt mit der Diskussion der Axiome noch viel zu tun. Z. B. genügen 1, 2, 3 (nach Frau HERVÉ) zum Beweis, daß irgendein extremales, wie oben normiertes Potential einen punkthaften Träger besitzt (d. h. es gibt einen einzigen Punkt, so daß das Potential außerhalb harmonisch ist). Aber wir wissen nicht, ob dieser punkthafte Träger das normierte Potential bestimmt. Diese wichtige Eigenschaft bekommt Frau HERVÉ (im Falle einer abzählbaren Basis) mit der ergänzenden Voraussetzung, die stärker als (4) ist, daß jedes reguläres Gebiet ganz bestimmend ist. Diese Voraussetzung bildet ein Axiom 5, das besonders interessant ist. In der Tat beweist auch Frau HERVÉ im Falle einer abzählbaren Basis, daß 1, 2, 3′, 5 das Axiom (D) enthalten, und deshalb ermöglichen sie die Entwicklung einer sehr ausgedehnten Theorie, beinahe wie die klassische mit der GREENschen Funktion.

Das alles wird nach und nach mit einer passenden Ordnung ziemlich einfach und ersetzt die klassische Theorie der subharmonischen Funktionen. Aber das ist wahrscheinlich nicht der letzte Zustand der Theorie. Z. B. ist jetzt DOOB mit Untersuchungen beschäftigt, wo weniger oder keine Topologie, sondern nur Maße und Mittelwerte in Beziehung mit der Wahrscheinlichkeitsrechnung benützt werden.

8. Sowieso erlaubt schon unsere heutige Theorie wichtige Erweiterungen. Beinahe genau wie im klassischen Fall bekommt z. B. *die folgende Anwendung für das* DIRICHLET*sche Problem*:

Wir setzen nur die Axiome 1, 2, 3 und D und eine abzählbare Basis in Ω voraus. Es soll auch ein Potential >0 existieren (sonst sind alle positiven superharmonischen Funktionen harmonisch, und proportional). Betrachten wir irgendeine offene Menge $\omega \subset \overline{\omega} \subset \Omega$ und geben eine endliche stetige Funktion f auf dem Rand ω^* vor.

Nun existiert eine einzige beschränkte harmonische Funktion in ω, die am Rande gegen f strebt, ausgenommen für Punkte einer gewissen Menge, die unabhängig von f und *polar* ist.

Ohne weiter zu gehen, ohne unstetige gegebene Funktionen auf dem Rand und eine entsprechende Lösung hier einzuführen und zu studieren, sehen wir schon, daß die Einfachheit des wichtigsten Resultats für das alte Dirichletsche Problem beibehalten wird. Es genügt, wie in dem euklidischen Fall, passende Ausnahmemengen einzuführen — die polaren Mengen — die übrigens sehr „selten" sind.

An solche Fortschritte sind wir gewöhnt, seitdem nach Hilbert der axiomatische Aufbau systematisch benützt wird. Heute fühle ich mich verpflichtet zu zeigen, wie dieser den alten Problemen neues Leben gibt, die zuerst dank Gauss, Riemann und Dirichlet so berühmt wurden und bleiben.

LITERATUR

[1] Seminar über Potentialtheorie (Institut Poincaré Paris ab 1957).

Bemerkungen über die Lösungen des Dirichletschen Problems bei linearen elliptischen Differentialgleichungen

Von Herbert Beckert (Leipzig)

Der Aufteilung der partiellen Differentialgleichungen in solche vom elliptischen, parabolischen und hyperbolischen Typus liegen einschneidende Unterscheidungsmerkmale im jeweiligen Lösungsverhalten zugrunde, die weit über die bekannte Trennung nach sachgemäßen Problemtypen (Rand- und Anfangswertprobleme) hinausführen. Das zeigt sich besonders, wenn man die Abhängigkeit der Lösungen von den vorgeschriebenen Bedingungen näher untersucht. Während sich bekanntlich bei elliptischen Differentialgleichungen eine noch so kleine Störung vom Rande her im ganzen Gebiet ausbreitet und überall den Lösungsverlauf beeinflußt, kann man im allgemeinen bei hyperbolischen Differentialgleichungen Teilgebiete des Lösungsverlaufs angeben, wo die Störung keinerlei Veränderung verursacht. Wir wollen uns zunächst diesen letzteren Fall genauer ansehen, wobei wir uns auf hyperbolische Gleichungen mit zwei unabhängigen Veränderlichen beschränken; in höheren Dimensionen gelten entsprechende Verhältnisse.

Sei G (vgl. Abb.) ein halbstreifenförmiges Gebiet der x, y-Ebene, das von der Anfangskurve $\mathfrak{C}$ und den beiden Randkurven $\mathfrak{S}_1, \mathfrak{S}_2$ begrenzt wird, und $u(x, y)$ eine über G definierte reguläre Lösung einer allgemeinen partiellen hyperbolischen Differentialgleichung 2. Ordnung. Auf $\mathfrak{C}$ werde willkürlich ein Teilstück σ herausgegriffen, längs dessen wir die Anfangswerte stetig abändern unter Beibehaltung der jeweiligen Anfangs- und Randwertbedingungen entlang des übrigen Teils von $\mathfrak{C}$ und $\mathfrak{S}_1, \mathfrak{S}_2$. Dabei soll die Änderung innerhalb derjenigen Funktionenklasse erfolgen, welche die Existenz und Eindeutigkeit der Lösungen in dem gewünschten Umfange sichert. Das Einflußgebiet der Störung ist durch das Netz der charakteristischen Kurven bestimmt. In unserem Falle gehen durch jeden Punkt des Definitionsbereiches genau zwei Charakteristiken hindurch, während bei einer partiellen hyperbolischen Differentialgleichung n-ter Ordnung n charakteristische Kurven durch jeden Punkt hindurchlaufen. Den Aufbau der a priori gegebenen Lösungen $u(x, y)$ über G kann man sich im allgemeinen von der Anfangskurve her über die drei folgenden Problemtypen I, II, III erfolgt denken [2, 3][1]). Das Anfangswertproblem I bestimmt die Lösung in einem dreieckförmigen Gebiet, das von der Anfangskurve $\mathfrak{C}$ und zwei durch deren Endpunkte A, B laufende Charakteristiken $\mathfrak{L}_1, \mathfrak{L}_2$ begrenzt wird (vgl. Abb.). Hierbei sind $\mathfrak{L}_1, \mathfrak{L}_2$ zur Anfangskurve benachbart; jede der beiden anderen Charakteristiken durch A, B führe aus G hinaus.

---

[1]) Für die drei analogen Problemtypen im Fall der allgemeinen hyperbolischen Differentialgleichung n-ter Ordnung oder eines quasilinearen hyperbolischen Systems 1. Ordnung mit zwei unabhängigen Veränderlichen werden in [3] Existenz- und Eindeutigkeitsbeweise gegeben.

Das charakteristische Problem II liefert die Lösung in einem von zwei durch denselben Punkt gehenden Charakteristiken bestimmten viereckigen Bereich (z. B. in der Figur das schraffierte Gebiet). Schließlich besteht das Abhängigkeitsgebiet der gemischten Anfangs-Randwertaufgabe III aus einem dreieckförmigen Gebiet (z. B. das Gebiet BCQ in der Abbildung), das von einem Randbogen längs $\mathfrak{S}_1$ bzw. $\mathfrak{S}_2$ und zwei nicht zu der gleichen Schar gehörigen, jeweils durch die Endpunkte des Bogens laufenden Charakteristiken begrenzt wird. Wir nehmen an, wir könnten den Definitionsbereich G der Lösung $u(x, y)$ durch die Abhängigkeitsgebiete der Probleme I, II, III lückenlos überdecken, ohne daß dabei Überbestimmtheiten längs der Kette aneinanderstoßender Abhängigkeitsgebiete auftreten.[1]) Ändern wir jetzt in der beschriebenen Weise die Anfangswerte längs σ stetig ab, so erweist sich nach den Existenz-Eindeutigkeitsbeweisen in [2] derjenige Teil G_σ von G als das Einflußgebiet dieser Störung, welcher von σ und den beiden von den Endpunkten A', B' auslaufenden bezgl. σ äußersten Charakteristiken $\mathfrak{R}_a$, $\mathfrak{R}_b$ abgegrenzt wird (vgl. Abb.). Auf den übrigen Teil $G - G_\sigma$ hat die Störung, mit welcher Intensität sie auch erfolgen mag, keinerlei Wirkung. Das gilt nicht nur im Linearen, wo das Netz der charakteristischen Kurven bereits durch die Differentialgleichung allein bestimmt ist, sondern auch im Nichtlinearen, wo dieses mit von den Anfangs- und Randbedingungen abhängt. In der Tat wird die Lösung $u(x, y)$ in den dreieckförmigen Gebieten $AA'D$ bzw. $A'B'C'$ bzw. $B'BE$ einzeln jeweils nach Problem I durch die Anfangswerte längs AA' bzw. $A'B'$ bzw. $B'B$ bestimmt. Da folglich die Wertverteilung längs AD bzw. BE von den Anfangswerten längs $A'B' = \sigma$ unabhängig ist, haben letztere auch keinen Einfluß mehr auf das gemischte Anfangs-Randwertproblem III bezüglich der Gebiete ADP' bzw. BEQ', sowie auf den Verlauf der Charakteristiken $\mathfrak{R}_a$, $\mathfrak{R}_b$. In dem von σ, $\mathfrak{R}_a$, $\mathfrak{R}_b$ begrenzten Teil von G dagegen überträgt sich bei der successiven Berechnung der Lösung über die Problemtypen I, II, III hinweg der Einfluß der Anfangsverteilung längs σ.

Wie bereits erwähnt, sind bei elliptischen Differentialgleichungen die Verhältnisse ganz anders. Im Falle analytischer Koeffizienten sind nach bekannten Sätzen die Lösungen elliptischer Differentialgleichungen analytische Funktionen ihrer Argumente. Hieraus folgt schon, daß Störungen vom Rande her sich überall im Gebiete bemerkbar machen müssen. Falls die Koeffizienten nicht analytisch sind, ergibt sich dies aus Eindeutigkeitssätzen über das Anfangswertproblem bei elliptischen Differentialgleichungen, die in jüngster Zeit aufgestellt wurden und im folgenden eine Rolle spielen.

Wir wollen jetzt die Frage der Abhängigkeit der Funktionswerte im Innern des Gebietes von den Werten längs Teilen des Randes bei dem nach L. DIRICHLET benannten DIRICHLETschen Problem linearer elliptischer Differentialgleichungen verfolgen. Ich gehe dabei auf nähere Einzelheiten und Beweise nicht ein, sondern verweise auf [4].

Sei E ein von endlich vielen, geschlossenen, hinreichend regulären Randkomponenten $S_1, S_2, \ldots, S_m$ begrenztes Gebiet im $R^n(x_1, x_2, \ldots, x_n)$. Über

[1]) Der ausgeschlossene Fall wird im allgemeinen auf Singularitäten (Unstetigkeiten in den Funktionswerten, nicht nur in den Ableitungen) führen und liegt in der topologischen Natur des Charakteristikennetzes begründet.

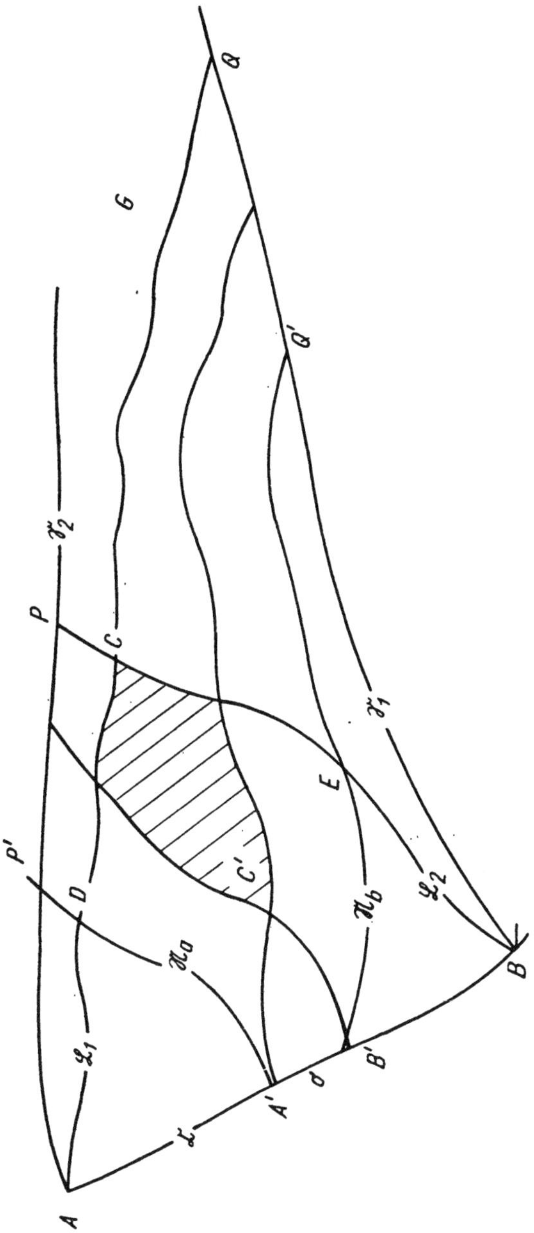

Abb. 1

$E + \sum_{i=1}^{m} S_i$ sei der lineare elliptische Differentialoperator

$$F(u) = \sum_{i,k=1}^{n} a_{ik}(x_j) \frac{\partial^2 u}{\partial x_i \, \partial x_k} + \sum_{i=1}^{n} b_i(x_j) \frac{\partial u}{\partial x_i} + c(x_j)\, u = f(x_j) \tag{1}$$

definiert. Das DIRICHLETsche Problem $u(Q) = \varphi(Q)$, $Q \subset \sum_{i=1}^{m} S_i = S$ der homogenen Gleichung (1), $f(x_j) \equiv 0$, sei stets eindeutig unter den hier und im folgenden unterdrückten Regularitätsbedingungen lösbar. Wir fassen ein im Innern von E gelegenes Flächenstück Γ der Dimension s, $1 \leqq s \leqq n-1$, sowie ein beliebig kleines Teilstück σ des Randes S ins Auge. Wenn wir die Randwerte $\varphi(Q)$ auf σ abändern, dieselben aber über $S - \sigma$ festhalten, werden sich die Funktionswerte und Ableitungen der entsprechenden Lösungen der DIRICHLETschen Probleme zu (1) über dem Flächenstück Γ, wie wir wissen, ebenfalls ändern. Es erhebt sich nun die Frage, bis zu welchem Grade man durch die beschriebene Abänderung der Randwerte die Lösungsdaten längs Γ beeinflussen kann. Unsere Fragestellung läßt in mannigfacher Weise physikalische Deutungen zu. Ein einfaches Beispiel hierzu bildet die stationäre Temperaturverteilung in einem nicht notwendig homogenen Körper bei vorgegebener Randtemperatur. Inwieweit ist es möglich, entlang eines im Innern des Körpers liegenden Flächenstücks Γ die stationäre Temperaturverteilung einerseits und den stationären Wärmestrom durch Γ andererseits lediglich durch Änderungen der Temperatur auf einem beliebig klein vorgegebenen Teilstück σ des Randes zu regulieren? Die Antwort auf diese und ähnliche Fragen gibt ein Satz, der aus meiner Arbeit [4] zu entnehmen ist. Hiernach kann man beim DIRICHLETschen Problem der Gleichung (1) durch die beschriebene Abänderung der Randwerte auf σ erreichen, daß die zugehörigen Lösungen und deren erste Ableitungen entlang dem Flächenstück Γ eine beliebig vorgegebene differenzierbare Funktion und deren erste Ableitungen im Integralmittel quadratisch approximieren. Des weiteren kann man sich entlang Γ auch die Werte der Normalableitung oder einer anderen aus Γ herausführenden Ableitung noch zusätzlich vorgeben und diese entlang der entsprechenden Folge im quadratischen Integralmittel approximieren. Wir erkennen, das Flächenstück Γ darf im allgemeinen nicht geschlossen sein. Es ist nämlich undenkbar, im Innern eines von Γ umschlossenen Gebiets irgendwelche Quellen allein durch Änderung der Randwerte auf σ zu erzeugen.

Beim Beweise unserer Ergebnisse (vgl. [4]) wird wesentlich der Satz von der Eindeutigkeit der Lösung des Anfangswertproblems einer elliptischen Differentialgleichung (1) benützt (vgl. [1, 5, 6]), der für Γ besagt, daß es höchstens eine Lösung von (1) geben kann, welche auf Γ vorgeschriebene, hinreichend reguläre Funktionswerte und Werte der Normalableitung annimmt. Ein weiteres Hilfsmittel bildet der bekannte Satz von RIESS vom orthogonalen Komplement sowie die Integraldarstellung der Lösungen des DIRICHLETschen Problems der Gleichung (1) mit Hilfe der GREENschen Funktion.

Es ist interessant, unseren Satz vom Standpunkt des soeben erwähnten Anfangswertproblems zu beleuchten, zeigt er doch, in welch vielfältiger Weise sich die Lösungen gerade dieses Problems im Großen ausbreiten können, selbst wenn die Daten längs der Anfangsmannigfaltigkeit im Sinne des quadratischen Integralmittels beliebig benachbart sind. Offenbar ist es nur eine etwas andere Fassung, wenn wir unseren Satz wie folgt formulieren:

Seien

$$u(\gamma) = \psi(\gamma), \qquad \frac{\partial u}{\partial n}(\gamma) = \chi(\tau) \tag{2}$$

beliebig vorgeschriebene Anfangswerte für eine zur linearen elliptischen Differentialgleichung (1) gehörige Anfangswertaufgabe längs Γ, U_ε eine durch die Ungleichungen

$$\int_\Gamma \cdots \int |u(\gamma) - \psi(\gamma)|^2 \, d\gamma \leqq \varepsilon,$$

$$\int_\Gamma \cdots \int \left| \frac{\partial u}{\partial n}(\gamma) - \chi(\gamma) \right|^2 d\gamma \leqq \varepsilon$$

gekennzeichnete Umgebung von (2), und S eine reguläre, sonst beliebige, geschlossene Fläche, deren Innengebiet E das Flächenstück Γ enthält. Es existieren dann bei beliebigem $\varepsilon > 0$ Lösungen der elliptischen Differentialgleichung (1) über E, die erstens bis auf ein beliebig kleines vorgeschriebenes Teilstück σ auf S vorgeschriebene Werte annehmen und zweitens eine Wertverteilung längs Γ besitzen, die zu U_ε gehört.

In Hinblick auf die letzte Auslegung ist es einleuchtend, daß man unsere Sätze im Falle der Gleichung (1) wird schwerlich auf die gleichzeitige Approximation der Ableitungen höherer Ordnung längs Γ ausdehnen können.

Unsere Fragestellung kann man natürlich auch bei elliptischen Differentialgleichungen höherer Ordnung verfolgen, wie z.B. bei der ersten Randwertaufgabe der Plattengleichung

$$\Delta \Delta u = f$$

(vgl. [4]). Man findet hier ganz ähnliche Sätze. So kann man insbesondere längs einer im Platteninnern verlaufenden Kurve stetig vorgegebene differenzierbare Spannungen lediglich durch Änderung der Randkräfte an einem beliebig klein vorgegebenen Randteil gleichmäßig approximieren.

Es ist von Interesse, diese und ähnliche Fragen auch noch in anderen Fällen zu untersuchen.

LITERATUR

[1] ARONSZAIJN, N., An unique continuation theorem for solutions of elliptic partial differential equations or inequalities of second order. J. Math. Pures Appl. (9) **36** (1957) 235–249.

[2] BECKERT, H., Existenz- und Eindeutigkeitsbeweise für das Differenzenverfahren zur Lösung des Anfangswertproblems, des gemischten Anfangs-Randwert- und des charakteristischen Problems einer hyperbolischen Differentialgleichung zweiter Ordnung mit zwei unabhängigen Variablen. — Ber. üb. die Verhandlungen der Sächs. Akad. d. Wiss. zu Leipzig, Math.-Naturw. Kl., **97**, Heft 4 (1950).

[3] BECKERT, H., Über quasilineare hyperbolische Systeme partieller Differentialgleichungen erster Ordnung mit zwei unabhängigen Variablen. Das Anfangswertproblem, die gemischte Anfangs-Randwertaufgabe, das charakteristische Problem. — Ber. üb. die Verhandlungen der Sächs. Akad. der Wiss. zu Leipzig, Math.-Naturw. Kl., **97**, Heft 5 (1950).

[4] BECKERT, H., Eine bemerkenswerte Eigenschaft der Lösungen des Dirichlet'schen Problems bei linearen elliptischen Differentialgleichungen. Math. Ann. **139** (1960) 255—264.

[5] CORDES, H. O., Über die eindeutige Bestimmtheit der Lösungen elliptischer Differentialgleichungen durch Anfangsvorgaben. Nachr. Akad. Wiss. Göttingen, Math.-Phys. Kl. **IIa** (1956) 239–258.

[6] LANDIS, M., On some properties of solutions of elliptic equations (russisch). Dokl. Nauk (NS) **107** (1956) 640–643.

Die NAVIER-STOKESschen Differentialgleichungen für zähe Flüssigkeiten als System quadratischer Integralgleichungen

Von WERNER SCHMEIDLER (Berlin)[1])

Schreibt man die bekannten Gleichungen von NAVIER-STOKES in der Form

$$\nu \Delta u - \frac{\partial u}{\partial t} = \frac{1}{\varrho} \frac{\partial p}{\partial x} + u \frac{\partial u}{\partial x} + v \frac{\partial u}{\partial y} + w \frac{\partial u}{\partial z}, \tag{1}$$

$$\nu \Delta v - \frac{\partial v}{\partial t} = \frac{1}{\varrho} \frac{\partial p}{\partial y} + u \frac{\partial v}{\partial x} + v \frac{\partial v}{\partial y} + w \frac{\partial v}{\partial z}, \tag{2}$$

$$\nu \Delta w - \frac{\partial w}{\partial t} = \frac{1}{\varrho} \frac{\partial p}{\partial z} + u \frac{\partial w}{\partial x} + v \frac{\partial w}{\partial y} + w \frac{\partial w}{\partial z}, \tag{3}$$

wozu für inkompressible Flüssigkeiten die Kontinuitätsgleichung

$$\frac{\partial u}{\partial x} + \frac{\partial v}{\partial y} + \frac{\partial w}{\partial z} = 0$$

tritt ($\mathfrak{v} = (u, v, w)$ Geschwindigkeitsvektor, p Druck, ν Zähigkeitskoeffizient, ϱ Dichte), so erinnern die ersten drei Gleichungen in ihrer Bauart an die erste Randwertaufgabe der Potentialtheorie, wo der Wert des Δ-Operators im Innern eines Bereiches vorgegeben ist, der dann mit Hilfe ebenfalls vorgegebener Randwerte der Funktion diese eindeutig bestimmt. Handelt es sich um eine durch vorgegebene Bewegung eines Körpers in der unendlichen Flüssigkeit hervorgerufene Strömung der anfänglich ruhenden Flüssigkeit, so sind im Falle des Haftens an der Oberfläche die Randwerte von u, v, w ebenfalls in jedem Zeitmoment vorgegeben, außerdem ist durch (1), (2), (3) der Wert des Operators $\left(\nu \Delta - \frac{\partial}{\partial t}\right)$ im Innern des Bereiches (der hier das Äußere des Körpers in dem betreffenden Zeitmoment ist) dargestellt. Es fragt sich nun, ob diese Überlegung zur Behandlung der Gleichungen ausgenutzt werden kann.

Bekanntlich verwendet man für die erste Randwertaufgabe der Potentialtheorie den Begriff der GREENschen Funktion $G(P, Q)$, der physikalisch gedeutet werden kann als Temperatur im Punkte Q in einem wärmeleitenden Körper, hervorgerufen durch eine dauernd wirkende Wärmequelle in P von der Stärke 1, wenn gleichzeitig der Rand dauernd auf der Temperatur Null gehalten wird. Man kann mit Hilfe dieser Funktion, deren Existenz physikalisch evident ist, die Lösung $U(P)$ der Randwertaufgabe bekanntlich darstellen durch ein Raumintegral

$$-\iiint G(P, Q)\, \Delta U(Q)\, d\tau_Q$$

[1]) Anm. bei der Korrektur: Eine ausführlichere Darstellung wurde bereits in der Mathematischen Zeitschrift 72 (1960) 279—293 veröffentlicht.

vermehrt um ein Oberflächenintegral der Form

$$\iint \frac{\partial G}{\partial n_Q}(P, Q)\, U(Q)\, do_Q$$

(n_Q innere Normale des betr. Bereiches).

Strebt man eine analoge Darstellung unserer drei Funktionen u, v, w an, so ist zu beachten, daß unser jetziges Problem sich im *vier*-dimensionalen Raume x, y, z, t abspielt, wobei der Bereich für jedes t durch die jeweilige Lage des Körpers als dessen Äußeres bestimmt ist. Wir beziehen alles auf ein raumfestes Koordinatensystem x, y, z und erreichen damit, daß das Unendliche des dreidimensionalen Raumes dauernd in Ruhe bleibt. Auch hier ist es nun erforderlich, entsprechend wie oben den Begriff einer GREENschen Funktion einzuführen, die jetzt sinnvollerweise von P, Q, t und t' abhängt und folgende physikalische Bedeutung besitzt: Im Punkte P werde *momentan* zur Zeit $t' < t$ ein Wärmestoß der Stärke 1 erzeugt, der sich durch den als wärmeleitend gedachten Außenbereich unseres bewegten Körpers fortpflanzt, wobei auf dessen Oberfläche dauernd die Temperatur Null aufrecht erhalten wird. Dann stellt die GREENsche Funktion $\Gamma(P, Q, t, t')$ die im Punkte Q zur Zeit $t > t'$ vorhandene Temperatur dar. Bei einiger Einfühlung in die Situation wird man an der physikalischen Evidenz der Existenz dieser Funktion nicht zweifeln.

Analog zu $G(P, Q)$ bestehen für $\Gamma(P, Q, t, t')$ folgende Eigenschaften:

$$1. \qquad \Gamma(\mathfrak{r}, \mathfrak{s}, t, t') = \frac{e^{-\frac{|\mathfrak{r}-\mathfrak{s}|^2}{4\nu(t-t')}}}{(4\pi\nu(t-t'))^{3/2}} + \gamma(P, Q, t, t')$$

($\mathfrak{r}$ Ortsvektor von P, $\mathfrak{s}$ von Q), worin der erste Bestandteil rechts (analog zu $\frac{1}{4\pi r_{PQ}}$ in der Potentialtheorie) die Wirkung des Wärmestoßes in dem allseitig unendlich ausgedehnten wärmeleitenden Körper darstellt, während γ die Störung durch das Verschwinden von Γ an der Oberfläche beschreibt. Es gilt

$$2. \qquad \left(\nu\, \Delta_Q - \frac{\partial}{\partial t}\right)\gamma = 0$$

für *alle* Variablenpaare (P, t'), (Q, t) unseres Bereiches, während dieselbe Gleichung für Γ besteht, aber nur, wenn nicht gleichzeitig $P = Q$ und $t = t'$ ist.

Liegt Q an der Oberfläche zur Zeit t, so ist für jedes P und jedes $t' < t$ stets

$$3. \qquad \Gamma(P, Q, t, t') = 0\,.$$

Diese drei Eigenschaften entsprechen der begrifflichen Definition. Sie werden ergänzt durch die Symmetrieeigenschaft

$$\Gamma(P, Q, t, t') = \Gamma(Q, P, t, t')\,,$$

die besagt, daß der Wärmestoß, erzeugt in P zur Zeit t', in Q zur Zeit t dieselbe Temperatur hervorruft, wie der Wärmestoß, erzeugt in Q zur Zeit t', sie in P zur Zeit t hervorruft. Außerdem zeigt sich

$$0 \leqq \Gamma(\mathfrak{r}, \mathfrak{s}, t, t') \leqq \frac{e^{-\frac{|\mathfrak{r}-\mathfrak{s}|^2}{4\nu(t-t')}}}{(4\pi\nu(t-t'))^{3/2}}\,,$$

so daß das Abklingen von Γ im Unendlichen durch die rechtsstehende Funktion abgeschätzt werden kann. Bei $\mathfrak{r} \neq \mathfrak{s}$ wird das Maximum dieser Funktion gegeben durch $\frac{C}{|\mathfrak{r}-\mathfrak{s}|^3}$, also gilt

$$\Gamma(\mathfrak{r}, \mathfrak{s}, t, t') \leqq \frac{C}{|\mathfrak{r}-\mathfrak{s}|^3}, \quad C = \left(\frac{3}{2\pi e}\right)^{3/2};$$

der Betrag einer beliebigen räumlichen Ableitung von Γ wird abgeschätzt durch

$$\frac{C_1}{|\mathfrak{r}-\mathfrak{s}|^4}, \quad C_1 = \frac{1}{\pi^{3/2}}\left(\frac{5}{2e}\right)^{5/2}.$$

Um nun zu einer Darstellungsformel für eine willkürliche Funktion $U(P,t)$ durch die Werte von $\left(\nu\Delta - \frac{\partial}{\partial t}\right)U = F(P,t)$ im Innern und die Randwerte von U an der Oberfläche zu gelangen, beschränken wir uns zum Zwecke der Vereinfachung auf den Fall, daß die Bewegung des Körpers von der Ruhe aus parallel mit sich selbst in der x-Richtung mit beliebiger (zeitabhängiger) Geschwindigkeit $U(t)$ erfolgen möge. Man zeigt dann die folgende, für einen zeitlich festgehaltenen Bereich bereits bekannte Darstellungsformel für die Funktion $U(P,t)$, falls $U(P,0)$ ist,

$$U(P,t) = \nu \int_0^t \iint \frac{\partial\Gamma}{\partial n_Q}(P,Q,t,t')\, U(Q,t')\, do_Q\, dt'$$
$$- \int_0^t \iiint \Gamma(P,Q,t,t')\, F(Q,t')\, d\tau_Q\, dt',$$

die wir nun für die Geschwindigkeitskomponenten u, v, w verwenden können. Wir erhalten

$$u(P,t) = \nu \int_0^t \iint \frac{\partial\Gamma}{\partial n_Q}(P,Q,t,t')\, U(t')\, do_Q\, dt$$
$$- \int_0^t \iiint \Gamma\left[\frac{1}{\varrho}p_\xi + u\,u_\xi + v\,u_\eta + w\,u_\zeta\right] d\xi\, d\eta\, d\zeta\, dt', \qquad (5)$$

$$v(P,t) = - \int_0^t \iiint \Gamma\left[\frac{1}{\varrho}p_\eta + u\,v_\xi + v\,v_\eta + w\,v_\zeta\right] d\xi\, d\eta\, d\zeta\, dt', \qquad (6)$$

$$w(P,t) = - \int_0^t \iiint \Gamma\left[\frac{1}{\varrho}p_\zeta + u\,w_\eta + v\,w_\xi + w\,w_\xi\right] d\xi\, d\eta\, d\zeta\, dt', \qquad (7)$$

worin das Doppelintegral über die Oberfläche in ihrer Lage zur Zeit t' erstreckt ist, während die räumlichen Integrale über den Außenbereich des Körpers in seiner Lage zur Zeit t' erstreckt sind und den Wert Null annehmen, wenn P auf die Oberfläche rückt. Die hiermit gegebenen Integraldarstellungen haben natürlich nur dann einen Sinn, wenn ihre Konvergenz feststeht. Man zeigt, daß dies der

Fall ist, wenn u, v, w von der Größenordnung $1/r^3$ im Unendlichen verschwinden, während ihre räumlichen Ableitungen mit $1/r^4$ gegen Null gehen. Dasselbe Verhalten zeigen dann die Integrale selbst. Bezüglich p genügt es, ein Verschwinden von $p - p_\infty$ mit $1/r^2$ im Unendlichen anzunehmen.

Was die Gleichung für den Druck anbetrifft, so ergibt sich aus (1) bis (4) durch Zusammenfassung

$$\frac{1}{\varrho}\,\Delta p = -\frac{\partial}{\partial x}(u\,u_x + v\,u_y + w\,u_z) - \frac{\partial}{\partial y}(u\,v_x + v\,v_y + w\,v_z) - \frac{\partial}{\partial z}(u\,w_x + v\,w_y + w\,w_z)\,.$$

Diese Darstellung von Δp liefert mit Hilfe der GREENschen Funktion $G(P, Q, t)$ der Potentialtheorie, die sich auf den Außenraum des Körpers in seiner Lage zur Zeit t bezieht und im Falle des Bewegungsgesetzes $x = x(t)$, $\frac{\partial x}{\partial t} = U(t)$ durch die GREENsche Funktion $G(P, Q)$ für den Außenraum des Körpers in der Ruhelage in der Form

$$G(P, Q, t) = G\,(x - x\,(t), y, z;\; \xi - x(t)\;, \eta, \zeta)$$

ausgedrückt werden kann, die folgende Darstellung für den Druck:

$$\begin{aligned} p(P, t) = & \iint \frac{\partial G}{\partial n_Q}(P, Q, t)\,p(Q, t)\,do_Q + p_\infty \\ & + \varrho \iiint G\left[\frac{\partial}{\partial \xi}(u\,u_\xi + v\,u_\eta + w\,u_\zeta) + \frac{\partial}{\partial \eta}(u\,v_\eta + v\,v_\xi + w\,v_\zeta)\right. \\ & \left. + \frac{\partial}{\partial \zeta}(u\,w_\xi + v\,w_\eta + w\,w_\zeta)\right] d\xi\,d\eta\,d\zeta\,. \end{aligned} \tag{8}$$

Die Gleichungen (5) bis (8) stellen das gesuchte quadratische Integralgleichungssystem für die Funktionen u, v, w, p dar und enthalten in sich die Gültigkeit der NAVIER-STOKESschen Gleichungen und der Randbedingungen. Sie geben damit, wie dies für Integralgleichungen charakteristisch ist, eine vereinfachte Zusammenfassung der Bedingungen für das Randwertproblem. — Es bereitet im übrigen keine grundsätzlichen Schwierigkeiten, dieselbe Methode auch auf den Fall eines allgemeineren Bewegungsgesetzes des Körpers auszudehnen. Was die Voraussetzungen für die Anwendbarkeit der Methode anbetrifft, so beruhen sie im wesentlichen auf der Existenz der GREENschen Funktion Γ, deren genauere mathematische Erforschung wohl noch nicht abgeschlossen ist. Für die Kugel läßt sich ihre Existenz jedenfalls streng beweisen.

Was nun die Lösung der Integralgleichungen anbetrifft, so kann man Gleichung (8) als lineare Integralgleichung nach p auflösen und das Gleichungssystem (5) bis (8) in der Form schreiben

$$u - \nu \int_0^t \iint \frac{\partial \Gamma}{\partial n_Q}(P, Q, t, t')\,do_Q\,U(t')\,dt' = \mathfrak{U}(u, v, w, p)\,, \tag{5'}$$

$$v = \mathfrak{V}(u, v, w, p)\,, \tag{6'}$$

$$w = \mathfrak{W}(u, v, w, p)\,, \tag{7'}$$

$$p - p_\infty = \mathfrak{P}(u, v, w)\,. \tag{8'}$$

Beginnen wir mit den Näherungswerten $u_0' = \nu \int\limits_0^t \iint \frac{\partial \Gamma}{\partial n_Q} do_Q\, U(t')\, dt'$, $v_0 = 0$, $w_0 = 0$, $p_0 = p_\infty + \mathfrak{P}(u_0, v_0, w_0)$ und setzen allgemein

$$\begin{aligned} u_{n+1} &= u_0 + \mathfrak{U}(u_n, v_n, w_n, p_n)\,, \\ v_{n+1} &= \mathfrak{V}(u_n, v_n, w_n, p_n)\,, \\ w_{n+1} &= \mathfrak{W}(u_n, v_n, w_n, p_n)\,, \\ p_{n+1} &= p_\infty + \mathfrak{P}(u_n, v_n, w_n)\,, \end{aligned}$$

so erhält man bei Begrenzung von t auf ein genügend kleines Intervall $0 \leqq t \leqq t_1$ ein konvergentes Iterationsverfahren, das die Lösung in diesem Zeitintervall liefert. Von t_1 aus kann man dann auf dieselbe Weise (ein Anfangsglied ist hinzuzufügen, das die Geschwindigkeiten u, v, w zur Zeit t_1 berücksichtigt) ein Intervall $t_1 \leqq t \leqq t_2$ abstecken und darin die Lösung finden. Fährt man so fort, so läßt sich die Lösung in einem beliebigen Intervall $0 \leqq t \leqq T$ konstruieren und ihre Eindeutigkeit beweisen.

Über einige Ergebnisse aus der Theorie der linearen Differentialtransformationen 2. Ordnung

Von O. Borůvka (Brno)

1. Dieser Vortrag enthält einen Bericht über einige Ergebnisse aus der Transformationstheorie der gewöhnlichen linearen Differentialgleichungen 2. Ordnung. Es geht dabei um Betrachtungen im reellen Gebiet und von globalem Charakter.

Wir betrachten zwei lineare Differentialgleichungen 2. Ordnung

$$y'' = q(t)\,y\,, \tag{a}$$

$$Y'' = Q(T)\,Y\,; \tag{A}$$

die Funktion q bzw. Q wird in einem offenen Intervall $j = (a, b)$ bzw. $J = (A, B)$ definiert und als stetig vorausgesetzt. Auch die Fälle $a, A = -\infty$, $b, B = +\infty$ werden zugelassen.

Den Ausgangspunkt der erwähnten Transformationstheorie bildet das folgende bereits von E. E. Kummer im Jahre 1834 behandelte Problem:

Zu einer Lösung Y z.B. der Differentialgleichung (A) sollen zwei Funktionen $X(t)$, $w(t)$ so bestimmt werden, daß die Funktion

$$y(t) = w(t)\;Y[X(t)]$$

eine Lösung der anderen Differentialgleichung (a) darstellt.

Es handelt sich also um Transformationen von Lösungen der betrachteten Differentialgleichungen, oder, wie wir es auch kurz ausdrücken, um Transformationen der beiden Differentialgleichungen ineinander.

Einleitend wollen wir an einige Begriffe aus der Theorie der linearen Differentialgleichungen 2. Ordnung erinnern.

Unter einem *Integral* z.B. der Differentialgleichung (a) versteht man eine im ganzen Intervall j definierte und von der identisch verschwindenden Funktion verschiedene Lösung dieser Differentialgleichung.

Ist u, v ein geordnetes Paar von linear unabhängigen Integralen der Differentialgleichung (a), so versteht man unter einer *Phase* dieses Paares eine im Intervall j stetige und mit Ausnahme der Nullstellen von v überall der Beziehung

$$\operatorname{tg} \alpha(t) = \frac{u(t)}{v(t)}$$

genügende Funktion α. Es ist leicht einzusehen, daß es eine abzählbare Menge von solchen Phasen gibt, wobei sich die einzelnen Phasen um ganzzahlige Vielfache der Zahl π voneinander unterscheiden. Kürzer spricht man von einer Phase von Integralen u, v der Differentialgleichung (a). Jede Phase ist eine stets wachsende oder stets abnehmende Funktion.

Unter einer Phase der Differentialgleichung (a) versteht man eine Phase von irgendwelchen linear unabhängigen Integralen dieser Differentialgleichung.

Wir wollen nun zu dem Kummerschen Transformationsproblem zurückkehren. Die auf seine Lösung hinzielenden Überlegungen führen zu den folgenden nicht-linearen Differentialgleichungen 3. Ordnung:

$$-\{X, t\} + Q(X)\, X'^2 = q(t)\,, \tag{b}$$

$$-\{x, T\} + q(x)\, \dot{x}^2 = Q(T)\,, \tag{B}$$

wobei die $\{X, t\}$, $\{x, T\}$ die Schwarzschen Ableitungen der Funktionen X, x im Punkt t, T bedeuten, also

$$\{X, t\} = \frac{1}{2}\,\frac{X'''(t)}{X'(t)} - \frac{3}{4}\,\frac{X''^2(t)}{X'^2(t)}\,, \qquad \{x, T\} = \frac{1}{2}\,\frac{\dddot{x}(T)}{\dot{x}(T)} - \frac{3}{4}\,\frac{\ddot{x}^2(T)}{\dot{x}^2(T)}\,.$$

Wenn die beiden Gleichungen (a), (A) zusammenfallen, wenn also $j = J$ und $q = Q$ ist, so fallen auch die beiden Gleichungen (b), (B) in die einzige Gleichung

$$-\{X, t\} + q(X)\, X'^2 = q(t) \tag{$\bar{\text{b}}$}$$

zusammen.

Die Analyse der Differentialgleichungen (b), (B) bzw. ($\bar{\text{b}}$) bildet den eigentlichen Kern der betrachteten Transformationstheorie.

Zunächst wollen wir die grundlegenden Resultate, die für die folgenden Ausführungen von Bedeutung sind, übersichtlich anführen [1].

1. Jede in einem Teilintervall von j definierte Lösung $X(t)$ der Differentialgleichung (b) ist eine stets wachsende oder stets abnehmende Funktion, so daß es zu ihr immer eine inverse Funktion $x(T)$ gibt. Diese letztere stellt eine Lösung der Differentialgleichung (B) dar.

2. Für jede Lösung Y von (A) und jede Lösung X von (b) stellt die Funktion

$$y(t) = \frac{Y[X(t)]}{\sqrt{|X'(t)|}} \tag{1}$$

eine Lösung von (a) dar, und gleichzeitig gilt die inverse Beziehung

$$Y(T) = \frac{y[x(T)]}{\sqrt{|\dot{x}(T)|}}\,. \tag{1'}$$

Diese beiden Formeln können durch die einzige Formel

$$\sqrt[4]{|X'(t)|} \cdot y(t) = \sqrt[4]{|\dot{x}[X(t)]|} \cdot Y[X(t)]$$

oder

$$\sqrt[4]{|X'[x(T)]|} \cdot y[x(T)] = \sqrt[4]{\dot{x}|(T)|} \cdot Y(T)$$

ersetzt werden.

3. Grundlegend ist das folgende Existenz- und Eindeutigkeitstheorem für Lösungen der Differentialgleichung (b):

Es seien $t_0 \in j$, $X_0'(\neq 0)$, X_0'' beliebige Zahlen. Sodann gibt es eine in einem gewissen Intervall $i \subset j$ definierte und den Cauchyschen Anfangsbedingungen

$$X(t_0) = X_0\,, \; X'(t_0) = X_0'\,, \; X''(t_0) = X_0'' \tag{2}$$

genügende „breiteste" Lösung X der Differentialgleichung (b). Diese Lösung ist in dem Sinn die breiteste, daß jede andere den Anfangsbedingungen (2) genügende Lösung von (b) eine Teilfunktion von X darstellt.

4. Die breiteste Lösung X ist durch eine Identität der Form

$$\alpha(t) = A[X(t)] \tag{3}$$

bestimmt, wobei α eine beliebige in t_0 verschwindende Phase der Differentialgleichung (a) und A eine geeignete in X_0 verschwindende Phase von (A) bedeutet. Man hat also die folgende explizite Form von $X(t)$ bzw. $x(T)$:

$$X(t) = A^{-1}[\alpha(t)]\,, \; x(T) = \alpha^{-1}[A(T)]\,. \tag{3'}$$

Auf diese Weise erhält man genau alle breitesten Lösungen von (b) bzw. (B).

2. Nun wollen wir zu dem eigentlichen Problem, über das wir in diesem Vortrag berichten möchten, übergehen.

Den Ausgangspunkt dazu bildet das oben angeführte Existenz- und Eindeutigkeitstheorem für Lösungen der Differentialgleichung (b). Das darin erwähnte Definitionsintervall i der breitesten Lösung X braucht keinesfalls mit dem Intervall j zusammenzufallen, und ebenso bedecken die Werte dieser Lösung im allgemeinen das Intervall J nicht ganz. Damit hängt ersichtlich zusammen, daß sich die Transformationsformeln (1), (1′) nicht auf ganze Integrale y, Y, sondern nur auf bestimmte in gewissen Teilintervallen von j, J definierte Lösungen der Differentialgleichungen (a), (A) beziehen. Diese Bemerkung führt zu dem folgenden Problem [2]:

Unter welchen Umständen gibt es Lösungen der Differentialgleichung (b), *die im ganzen Intervall j definiert sind und deren Werte das Intervall J genau bedecken? Was ist die Gesamtheit dieser Lösungen X? Was kann von den Eigenschaften dieser Funktionen erforscht werden?*

Wir nennen die Lösungen X der eben beschriebenen Art *vollständig*. Dementsprechend bezeichnen wir die nach den Formeln (1), (1′) mittels einer vollständigen Lösung X der Differentialgleichung (b) bzw. ihrer inversen Funktion x realisierten Transformationen von Integralen der Differentialgleichungen (a), (A) als vollständig. In diesem Sinn sprechen wir auch von vollständigen Transformationen der Differentialgleichungen (a), (A) ineinander.

Durch vollständige Transformationen werden also Integrale der Differentialgleichungen (a), (A) in ihrem ganzen Verlauf ineinander überführt. Man sieht leicht, daß jede vollständige Lösung der Differentialgleichung (b) eine topologische Abbildung des Intervalls j auf das Intervall J darstellt, wobei je zwei zueinander im bezug auf die Differentialgleichung (a) konjugierte Punkte auf zwei zueinander konjugierte Punkte im bezug auf die Differentialgleichung (A) abgebildet werden.

Eine erste Idee zur Lösung dieses Problems kommt bei der Betrachtung der Formel (3). In der Tat, es ist leicht einzusehen, daß die durch diese Gleichung definierte Lösung X der Differentialgleichung (b) genau dann vollständig ist, wenn die folgenden Beziehungen bestehen:

$$\lim_{t\to a+} \alpha(t) = \lim_{T\to A+} A(T)\,, \quad \lim_{t\to b-} \alpha(t) = \lim_{T\to B-} A(T)$$

oder

$$\lim_{t\to a+} \alpha(t) = \lim_{T\to B-} A(T)\,, \quad \lim_{t\to b-} a(t) = \lim_{T\to A+} A(T)\,.$$

Diese Idee, deren Durchführung eine tiefgreifende Analyse der Eigenschaften von Phasen der Differentialgleichungen (a), (A) erfordert, führt tatsächlich zu erwünschten Resultaten.

Bei der Besprechung dieser Resultate werden wir uns im wesentlichen auf die sogenannten Differentialgleichungen von endlichen Typen mit konjugierten Punkten beschränken.

Die Differentialgleichung (a) wird *vom Typus* (m) genannt, wobei m eine natürliche Zahl ist, wenn sie Integrale mit m Nullstellen, nicht aber solche mit $m + 1$ Nullstellen im Intervall j zuläßt.

Der in Betracht kommende Fall ist also der, daß die Differentialgleichungen (a), (A) Integrale mit nur endlich vielen, aber mindestens zwei Nullstellen in den Intervallen j, J zulassen.

Die in diesem Fall zur Lösung unseres Problems angewandten Methoden sind jedoch auch für Differentialgleichungen (a), (A) aller übrigen Typen anwendbar.

Wir setzen also im folgenden die Differentialgleichung (a) als vom Typus (m) voraus, wobei $m \geqq 2$ ist.

In diesem Fall gibt es im Intervall j zwei ausgezeichnete Zahlen a_1, b_{-1}, die auf folgende Weise definiert sind:

Die Zahl a_1 ist die untere Grenze der Menge aller im Intervall j liegenden Zahlen, zu denen es wenigstens eine linksseitig konjugierte Zahl gibt. Analog ist die Zahl b_{-1} die obere Grenze der Menge aller im Intervall j liegenden Zahlen, zu denen wenigstens eine rechtsseitig konjugierte Zahl existiert.

Man zeigt leicht, daß es zu a_1 im Intervall j genau $m - 2$ rechtsseitig konjugierte Zahlen gibt. Die Zahl a_1 und diese $m - 2$ Zahlen nennen wir die *linksseitigen Grundzahlen* der Differentialgleichung (a). Wir wollen dieselben in einer wachsenden Folge $a_1 < a_2 < \cdots < a_{m-1}$ anordnen.

Analog gibt es zu b_{-1} im Intervall j genau $m - 2$ linksseitig konjugierte Zahlen. Die Zahl b_{-1} und diese $m - 2$ Zahlen nennen wir die *rechtsseitigen Grundzahlen* der Differentialgleichung (a). Wir ordnen dieselben in abnehmender Folge

$$b_{-1} > b_{-2} > \cdots > b_{-m+1} .$$

Unter den links- und rechtsseitigen Grundzahlen a_ν und $b_{-\nu}$ bestehen die folgenden Beziehungen:

$$(a <)\, b_{-m+1} \leqq a_1 < b_{-m+2} \leqq a_2 < \cdots < b_{-2} \leqq a_{m-2} < b_{-1} \leqq a_{m-1} \quad (< b)\,,$$

wobei entweder keines der angeführten Gleichheitszeichen gilt oder alle zugleich.

Es sind also zwei Fälle zu unterscheiden:

Der erste Fall tritt genau dann ein, wenn die beiden Zahlen a_1, b_{-1} nicht zueinander konjugiert sind. Sodann sind die links- und rechtsseitigen Grundzahlen der Differentialgleichung (a) sämtlich voneinander verschieden. In diesem Fall wird die Differentialgleichung (a) als *allgemein* oder *nicht-speziell* bezeichnet.

Der zweite Fall tritt dann ein, wenn die Zahlen a_1, b_{-1} zueinander konjugiert sind. Sodann fallen die links- und rechtsseitigen Grundzahlen der Differentialgleichung (a) zusammen, nach den Formeln: $b_{-m+\nu} = a_\nu$. In diesem Fall wird die Differentialgleichung (a) *speziell* genannt.

Mit diesen Begriffen sind wir im Stande, die Lösung des obigen Problems zu geben. Für die links- bzw. rechtsseitigen Grundzahlen der Differentialgleichung (a) wollen wir die Bezeichnung a_ν und $b_{-\nu}$ beibehalten; für diejenigen der Differentialgleichung (A) wenden wir die analoge Bezeichnung A_ν und $B_{-\nu}$ an.

Die Resultate sind folgende:

Zwei Differentialgleichungen (a), (A) von endlichen Typen mit konjugierten Punkten können genau dann ineinander vollständig transformiert werden, wenn sie beide von demselben Typus und beide allgemein oder beide speziell sind.

Sind diese Bedingungen erfüllt, so gibt es immer wachsende sowie auch abnehmende vollständige Lösungen X der Differentialgleichung (b), die in einem gegebenen Punkt $t_0 \in j$ einen beliebig gegebenen Anfangswert $X_0 \in J$ annehmen, vorausgesetzt, daß dieser letztere gewissen Bedingungen entspricht. Insbesondere hat jede wachsende vollständige Lösung der Differentialgleichung (b) in den Grundzahlen $b_{-\nu}$, a_ν die Werte $B_{-\nu}$ bzw. A_ν, und jede abnehmende vollständige Lösung die Werte A_ν bzw. $B_{-\nu}$.

Die vollständigen Lösungen der Differentialgleichung (b) sind durch Formeln der Art (3′) gegeben.

Wenn die Differentialgleichungen (a), (A) allgemein sind, so gibt es genau eine Schar von ∞^1 wachsenden vollständigen Lösungen der Differentialgleichung (b) und ebensoviele abnehmende vollständige Lösungen. Wenn aber die Differentialgleichungen (a), (A) speziell sind, so gibt es genau eine Schar von ∞^2 wachsenden bzw. abnehmenden vollständigen Lösungen.

Die obigen Resultate können unmittelbar auf vollständige Transformationen einer Differentialgleichung (a) in sich angewandt werden. Eine Differentialgleichung (a) von einem endlichen Typus mit konjugierten Punkten läßt also stets vollständige Transformationen in sich zu. Doch gibt es in diesem Fall etwas wesentlich Neues: Die vollständigen Lösungen der Differentialgleichung $(\bar{b})$ bilden stets eine stetige Gruppe $\mathfrak{G}$. Je nachdem die Differentialgleichung (a) allgemein oder speziell ist, hängt die Gruppe $\mathfrak{G}$ von einem oder von zwei Parametern ab.

Hinsichtlich der Eigenschaften der Gruppe $\mathfrak{G}$ wollen wir einiges nur für den Fall einer *allgemeinen* Differentialgleichung (a) hervorheben:

Wenn die Differentialgleichung (a) allgemein ist, so stellt $\mathfrak{G}$ eine einparametrige Gruppe dar. Die wachsenden vollständigen Lösungen der Differentialgleichung $(\bar{b})$ bilden eine Untergruppe $\mathfrak{A}$ von $\mathfrak{G}$, wobei der Index $\mathfrak{G}:\mathfrak{A}$ gleich zwei ist. Die Faktorgruppe $\mathfrak{G}/\mathfrak{A}$ besteht also aus zwei Nebenklassen, von denen eine die Menge der wachsenden und die andere die Menge der abnehmenden vollständigen Lösungen der Differentialgleichung $(\bar{b})$ darstellt. Wenn die Integrale der Differentialgleichung (a) sämtlich beschränkt sind, was natürlich nur für endliche Intervalle j in Frage kommt, so gibt es in $\mathfrak{A}$ eine abzählbare Untergruppe der Art, daß jede wachsende vollständige Lösung von $(\bar{b})$ durch Elemente dieser Untergruppe mit beliebiger Genauigkeit gleichmäßig approximiert werden kann. Ein ähnliches Resultat besteht auch für abnehmende vollständige Lösungen der Differentialgleichung $(\bar{b})$.

Bei dieser Gelegenheit wollen wir noch einige Worte sagen über Transformationen in sich solcher Differentialgleichungen (a), deren Integrale gegen die Endpunkte des Intervalls j unendlich viele Nullstellen besitzen. Es geht also jetzt um Differentialgleichungen (a) von einem *unendlichen* Typus. Über Transformationen solcher Differentialgleichungen in sich ist eine umfangreiche Theorie, die im wesentlichen eine Analyse der Differentialgleichung $(\bar{b})$ unter den neuen Voraussetzungen darstellt, aufgestellt worden [3]. Es zeigt sich, daß in diesem Fall die Gruppe $\mathfrak{G}$ der vollständigen Lösungen der Differentialgleichung $(\bar{b})$ von drei Parametern abhängt. Die algebraische Struktur der Gruppe $\mathfrak{G}$ kann weitgehend erforscht werden. Insbesondere bilden die wachsenden vollständigen Lösungen von $(\bar{b})$ eine in $\mathfrak{G}$ invariante Untergruppe. Dieselbe besitzt ihrerseits ein abzählbares Zentrum, das von den sogenannten Zentraldispersionen erster Art der Differentialgleichung (a): $\ldots, \varphi_{-2}(t), \varphi_{-1}(t), \varphi_0(t), \varphi_1(t), \varphi_2(t), \ldots$ gebildet wird. Wir bemerken, daß der Wert der Funktion φ_{-1} bzw. φ_1 in einem beliebigen Punkt $t \in j$ durch die ν-te zu diesem Punkt linksseitig bzw. rechtsseitig konjugierte Zahl gegeben ist ($\nu = 1, 2, \ldots; \varphi_0(t) = t$).

Im Zusammenhang mit der obigen Transformationstheorie begegnet man zahlreichen Problemen, insbesondere auch über lineare Differentialgleichungen höherer Ordnungen, die vermöge der in dieser Theorie entwickelten Begriffe und Methoden mit Erfolg gelöst werden können. Solche Probleme sind insbesondere in den letzten Jahrgängen des Czech. Math. Journ. betrachtet worden. In dieser Hinsicht wurden namentlich Fragen nach der Bestimmung aller Differentialgleichungen (a), deren Integrale gewisse im voraus gegebene Eigenschaften besitzen, behandelt. Von dieser Art sind z. B. die Resultate über Differentialgleichungen (a) eines beliebig gegebenen Typus [4], ferner über solche, deren Integrale äquidistante Nullstellen besitzen [5], u.a. Speziell wollen wir die Auffindung aller Differentialgleichungen (a), die Paare von linear unabhängigen Integralen u, v mit gemeinsamen Nullstellen der Produkte $u\,u'$, $v\,v'$ zulassen, erwähnen [6]. Die Lösung dieses schwierigen Problems konnte auf Grund älterer Resultate von J. Radon über konvexe Kurven gefunden werden [7].

3. Es sei (unter entsprechenden Annahmen über die Funktion q) $q_1(t) = q(t) + |q(t)|^{1/2} (|q(t)|^{-1/2})''$. Ist y ein Integral der Differentialgleichung (a), so stellt die Funktion $y_1(t) = y'(t) : \sqrt{|q(t)|}$ ein solches der Differentialgleichung (a_1) dar: $y'' = q_1(t)\, y$ [1]. Analoges gilt von den entsprechenden Funktionen $Q(T)$, $Q_1(T)$, $Y(T)$, $Y_1(T)$ im bezug auf die Differentialgleichung (A_1): $Y'' = Q_1(T)\, Y$. Wendet man die obige Theorie auf die Differentialgleichungen (a_1), (A) bzw. (a), (A_1) oder (a_1), (A_1) an, so erhält man Transformationen der Ableitungen von Lösungen der einen der beiden Differentialgleichungen (a), (A) in Lösungen oder deren Ableitungen der anderen. Wir wollen jedoch auf die diesbezüglichen Betrachtungen nicht näher eingehen.

LITERATUR

[1] Borůvka, O., Sur la transformation des intégrals des équations différentielles linéaires ordinaires du second ordre. Ann. di Mat. p. ed appl. **41** (1956) 325—342.

[2] Borůvka, O., Sur les transformations différentielles linéaires complètes du second ordre. Ann. di Mat. p. ed appl. **44** (1960) 229—251.

[3] Borůvka, O., Sur les intégrales oscillatoires des équations différentielles linéaires du second ordre. Czech. Math. Journ., **3(78)** (1953) 199—255. (Russisch. Französische Zusammenfassung).

[4] Borůvka, O., Théorie analytique et constructive des transformations différentielles linéaires du second ordre. Bull. Math. de la Soc. Sci. Math. Phys. de la R. P. R., **1** (1957) **(49)** 125—130.

[5] Laitoch, M., Die Identität der Zentraldispersionen erster und zweiter Art, die zu der Differentialgleichung zweiter Ordnung $y'' = Q((x) y$ gehören. Czech. Math. Journ. **6 (81)** (1956) 365—380 (Russisch. Deutsche Zusammenfassung).

[6] Chrastina, J., On coincistence of basic central dispersions of 3 rd and 4 th orders of the differential equation $y''(t) + Q(t) y(t) = 0$. Čas. pro pěst. matem. **87** (1962) 188—197 (tschechische, russische und englische Zusammenfassung).

[7] Radon, J., Über eine besondere Art ebener konvexer Kurven. Ber. Ver. Sächs. Akad. **68** (1916) 123—128.

Der 2^n-te Potenzcharakter von 2 im Körper der 2^n-ten Einheitswurzeln[1])

Von Helmut Hasse (Hamburg)

Die Bestimmung des 2^n-ten Potenzcharakters der Zahl 2 nach Primzahlen $p \equiv 1 \bmod 2^n$ im rationalen Zahlkörper P ist bis heute nur in den Spezialfällen $n = 1, 2, 3, 4$ gelungen. Dafür, daß 2 ein 2^n-ter Potenzrest mod. p ist, hat man in diesen Fällen die folgenden notwendigen und hinreichenden Kriterien:

$n = 1$, Gauss (1801):

$p \equiv 1 \bmod 2$.

2 ist 2-ter Potenzrest mod p genau dann, wenn

$$p \equiv \pm 1 \bmod 2^3$$

oder auch

$$p = (1 - 2^2 x)^2 - 2 y^2 .$$

$n = 2$, Gauss (1828):

$p \equiv 1 \bmod 2^2$,
$p = (1 - 2^2 x)^2 + (2 y)^2$.

2 ist 2^2-ter Potenzrest mod. p genau dann, wenn

$$y \equiv 0 \bmod 2^2$$

oder kurz

$$p = X^2 + (8\,Y)^2 .$$

$n = 3$, Perrot (1888), Western (1911):

$p \equiv 1 \bmod 2^3$,
$p = (1 - 2^2 x)^2 + (2^2 y)^2$,
$p = (1 - 2^2 u)^2 + 2\,(2\,v)^2$,
mit
$y \equiv u \equiv x + v \bmod 2$.

2 ist 2^3-ter Potenzrest mod. p genau dann, wenn

$$2\,y + 2^2 x \equiv 0 \bmod 2^3$$

oder auch

$$2\,y + 2^2 v \equiv 0 \bmod 2^3 .$$

Dabei ist notwendig

$$y \equiv 0 \bmod. 2 .$$

Kurz:
es gilt

$$\left\{\begin{array}{l}\text{entweder}\\ p = X^2 + (16\,Y)^2 = U^2 + 2\,(4\,V)^2\\ \text{oder nur}\\ p = X^2 + (8\,Y)^2 = U^2 + 2\,(2\,V)^2\end{array}\right\}.$$

---

[1]) Eine ausführliche Darstellung mit Literaturangaben und Beweisen der nachstehend skizzierten Ergebnisse wurde unter dem gleichen Titel in den Rendiconti del Circolo Matematico di Palermo (2) 7 (1958) veröffentlicht.

$n = 4$, AIGNER (1939):

$p \equiv 1 \bmod 2^4$,

$p = (1 - 2^2 x)^2 + (2^2 y)^2$,

$p = (1 - 2^2 u) + 2\,(2\,v)^2$,

mit

$x \equiv 0,\ y \equiv u \equiv v \bmod 2$.

2 ist 2^4-ter Potenzrest mod p genau dann, wenn

$$2\,y - 2^2\,v \equiv 0 \bmod 2^4 .$$

Dabei ist notwendig

$$y \equiv 0 \bmod 2^2,\quad v \equiv 0 \bmod 2 .$$

Kurz:
es gilt

$$\left\{\begin{array}{l}\text{entweder}\\ p = X^2 + (32\,Y)^2 = U^2 + 2\,(8\,V)^2\\ \text{oder nur}\\ p = X^2 + (16\,Y)^2 = U^2 + 2\,(4\,V)^2\end{array}\right\}.$$

Man beachte die Unabhängigkeit dieser Kriterien von der offen gelassenen Normierung der Vorzeichen von y, v.

Neue Beweise der Kriterien für $n = 2, 3, 4$ gab WHITEMAN 1954, und zwar stützen sich diese Beweise in einheitlicher Weise auf den Formalismus der JACOBIschen Summen in den Körpern der 2^2-ten, 2^3-ten, 2^4-ten Einheitswurzeln.

Hier soll der allgemeine Fall des 2^n-ten Potenzcharakters $(2/\alpha)_{2^n}$ von 2 nach einer zu 2 primen Zahl α des Körpers P_{2^n} der 2^n-ten Einheitswurzeln mit dieser Methode in Angriff genommen werden. Es ergibt sich eine explizite Darstellung des Potenzcharakters $(2/\alpha)_{2^n}$ durch zu den obigen y, v analoge, in den reellen Teilkörpern von P_{2^n} gelegene Koordinaten von α; deren Definition beruht auf Größencharakteren, die nach A. WEIL (1952) aus den JACOBIschen Summen in P_{2^n} gebildet sind. Diesem allgemeinen Ergebnis ordnen sich die vorgenannten Kriterien für $n = 2, 3, 4$ unter, indem man aus ihm in diesen Spezialfällen den allein im rationalen Grundkörper P ausdrückbaren Gehalt herausdestilliert.

Im nächsthöheren Fall $n = 5$ liefert dieser Destillationsprozeß das folgende analoge Kriterium:

$n = 5$:

$p \equiv 1 \bmod 2^5$,

$p = (1 - 2^2 x)^2 + (2^2 y)^2$,

$p = (1 - 2^2 u)^2 + 2\,(2\,v)^2$,

mit

$x \equiv 0,\ y \equiv u \equiv v \bmod 2$,

$x \equiv 2\,y,\ u \equiv -v^2 \bmod 2^2$;

außerdem

$p = \left(1 - 2\sqrt{2}\,\xi\right)^2 + \left(2 - \sqrt{2}\right)(2\,\eta)^2$,

$\xi = q + r\sqrt{2},\ \eta = s + t\sqrt{2}$,

oder also

$p = (1 - 2^2 r)^2 + 2^3 q^2 + 2^3 (s - t)^2 + 2^3 t^2$,

$\quad -(1 - 2^2 r)\,q = (s - 2t)^2 - 2t^2$,

2 ist 2^5-ter Potenzrest mod p genau dann, wenn

$$2\,y - 2^2\,v + 2^3\,s \equiv 0 \bmod 2^5 .$$

Dabei ist notwendig

$$y \equiv 0 \bmod 2^2,\quad v \equiv s \equiv 0 \bmod 2 .$$

mit

$$v \equiv s \bmod 2\,,$$
$$y - v \equiv 2\,t \bmod 2^2\,.$$

Hierbei fehlt allerdings, um das Kriterium unabhängig von der Normierung der Lösung η bei fest gewählten y, v zu machen, im Falle $v \equiv 2 \bmod 2^2$ noch eine explizite Vorschrift darüber, welches der beiden Lösungspaare

$$\pm\,\eta \quad \text{oder} \quad \pm\,\eta'\,\varepsilon\,, \quad \text{wobei} \quad \varepsilon = 1 + \sqrt{2}\,,$$

zu wählen ist. Trotz intensiver Rechenarbeit ist es mir nicht gelungen, diese Normierung in rationaler Form zu geben.

1. Allgemeiner Ansatz

Im rationalen Zahlkörper P läßt sich der 2^n-te Potenzcharakter einer rationalen Zahl z (hier $z = 2$) nach einer Primzahl $p \equiv 1 \bmod 2^n$ nur in dem groben Sinne

$$= 1 \quad \text{für } 2^n\text{-te Potenzreste } z \bmod p\,,$$
$$\neq 1 \quad \text{für } 2^n\text{-te Potenznichtreste } z \bmod p$$

definieren. Zur Definition im scharfen Sinne, d.h. mit Unterscheidung der $2^n - 1$ Nichtrestklassen durch die $2^n - 1$ verschiedenen 2^n-ten Einheitswurzelwerte $\neq 1$, hat man in den Körper P_{2^n} der 2^n-ten Einheitswurzeln zu gehen. In ihm zerfällt jede rationale Primzahl $p \equiv 1 \bmod 2^n$ in 2^n verschiedene Primdivisoren $\mathfrak{p}$ vom ersten Grade, d.h. mit $N_{2^n}(\mathfrak{p}) = p$. Für jeden von ihnen liefert das LEGENDREsche Symbol

$$\left(\frac{z}{\mathfrak{p}}\right)_{2^n} \equiv z^{\frac{N_{2^n}(\mathfrak{p})-1}{2^n}} \bmod \mathfrak{p}$$

mit

$$\left(\frac{z}{\mathfrak{p}}\right)_{2^n}^{2^n} = 1 \qquad (\text{für } z \text{ prim zu } \mathfrak{p})$$

eine scharfe Feststellung des zum Ausgang genommenen groben 2^n-ten Potenzcharakters von z mod. $\mathfrak{p}$. Es kommt dann hier auf deren Wert für $z = 2$ in Abhängigkeit von p oder genauer von $\mathfrak{p}$ an. Dementsprechend soll hier das 2^n-te Potenzrestsymbol

$$\left(\frac{2}{\mathfrak{p}}\right)_{2^n} \equiv 2^{\frac{N_{2^n}(\mathfrak{p})-1}{2^n}} \bmod \mathfrak{p} \quad \text{mit} \quad \left(\frac{2}{\mathfrak{p}}\right)_{2^n}^{2^n} = 1 \qquad (\text{für } \mathfrak{p} \nmid 2)$$

als Funktion seines „Nenners" $\mathfrak{p}$ untersucht werden, und zwar allgemeiner gleich im Bereich aller Primdivisoren $\mathfrak{p} \nmid 2$ beliebigen Grades von P_{2^n}. Es ist dann weiter zweckmäßig, noch allgemeiner gleich das JACOBIsche Symbol

$$\left(\frac{2}{\mathfrak{a}}\right)_{2^n} = \prod_{\mathfrak{p} \nmid 2} \left(\frac{2}{\mathfrak{p}}\right)_{2^n}^{w_{\mathfrak{p}}(\mathfrak{a})} \qquad (\text{für } \mathfrak{a} \text{ prim zu } 2)$$

im Bereich aller zu 2 primen Divisoren $\mathfrak{a}$ von P_{2^n} der Untersuchung zugrunde zu legen.

2. Auswertung durch Zurückführung auf JACOBIsche Summen

Zur Auswertung des Symbols $(2/\mathfrak{a})_{2^n}$ ist es zweckmäßig, den „Zähler" 2 vermöge der Aufspaltung

$$2 = N_{2^n}(\lambda_{2^n}) = \prod_J \lambda_{2^n}^J$$

mit

$$\lambda_{2^n}^J = 1 - \zeta_{2^n}^j \qquad (j \bmod 2^n, \text{ prim})$$

auf den „Zähler" $\lambda_{2^n} = 1 - \zeta_{2^n}$ zurückzuführen, für den eine scharfe explizite Reziprozitätsformel zur Verfügung steht.

Für Primdivisorargument $\mathfrak{p}$ ergibt diese Zurückführung:

$$\left(\frac{2}{\mathfrak{p}}\right)_{2^n} = \prod_J \left(\frac{\lambda_{2^n}^J}{\mathfrak{p}}\right)_{2^n} = \prod_J \left(\frac{\lambda_{2^n}}{\mathfrak{p}^{J^{-1}}}\right)_{2^n}^j = \left(\frac{\lambda_{2^n}}{\mathfrak{p}^{\sum\limits_J r(-j)J^{-1}}}\right)_{2^n}^{-1} = \left(\frac{\lambda_{2^n}}{\omega_{2^n}(\mathfrak{p})}\right)_{2^n}^{-1},$$

wobei

$$\omega_{2^n}(\mathfrak{p}) = \tau_{2^n}(\mathfrak{p})^{2^n}$$

die in P_{2^n} gelegene 2^n-te Potenz der GAUSSschen Summe

$$\tau_{2^n}(\mathfrak{p}) = -\sum_{\xi \bmod \mathfrak{p}}{}' \left(\frac{\xi}{\mathfrak{p}}\right)_{2^n} e^{\frac{2\pi i}{p} s_{\mathfrak{p}}(\xi)}$$

zum 2^n-ten Potenzrestsymbol mod. $\mathfrak{p}$ in P_{2^n} ist.

Für zusammengesetztes Argument $\mathfrak{a}$ wird demnach

$$\left(\frac{2}{\mathfrak{a}}\right)_{2^n} = \left(\frac{\lambda_{2^n}}{\omega_{2^n}(\mathfrak{a})}\right)_{2^n}^{-1},$$

wo zunächst formal

$$\omega_{2^n}(\mathfrak{a}) = \prod_{\mathfrak{p} \nmid 2} \omega_{2^n}(\mathfrak{p})^{w_{\mathfrak{p}}(\mathfrak{a})}$$

gesetzt ist.

Nach der scharfen Formel von ARTIN-HASSE (1928) für den zweiten Ergänzungssatz hat man dann die Auswertung

$$\left(\frac{2}{\mathfrak{a}}\right)_{2^n} = \zeta_{2^n}^{s_{2^n}\left(\frac{\zeta_{2^n}}{\lambda_{2^n}} \log \omega_{2^n}(\mathfrak{a})\right)} \qquad (n \geqq 2)\,.$$

Für die formal eingeführte Divisorfunktion $\omega_{2^n}(\mathfrak{a})$ in P_{2^n} ergibt sich folgendermaßen eine explizite Darstellung als Zahl aus P_{2^n} und damit zugleich eine begriffliche Deutung. Zwischen den GAUSSschen Summen $\tau_{2^n}^{(k)}(\mathfrak{p})$ zu den Potenzen $(\xi/\mathfrak{p})_{2^n}^k$ des 2^n-ten Potenzrestsymbols in P_{2^n} einerseits und den JACOBIschen Summen

$$\pi_{2^n}^{(k,l)}(\mathfrak{p}) = \begin{cases} -\sum\limits_{\xi+\eta\equiv 1(\mathfrak{p})}{}' \left(\dfrac{\xi}{\mathfrak{p}}\right)_{2^n}^k \left(\dfrac{\eta}{\mathfrak{p}}\right)_{2^n}^l & (k, l \not\equiv 0,\ k+l \not\equiv 0 \bmod 2^n) \\ (-1)^{k\frac{N_{2^n}(\mathfrak{p})-1}{2^n}} N_{2^n}(\mathfrak{p}) & (k, l \not\equiv 0,\ k+l \equiv 0 \bmod 2^n) \end{cases}$$

andererseits besteht der Zusammenhang

$$\pi_{2^n}^{(k,l)}(\mathfrak{p}) = \frac{\tau_{2^n}^{(k)}(\mathfrak{p})\, \tau_{2^n}^{(l)}(\mathfrak{p})}{\tau_{2^n}^{(k+l)}(\mathfrak{p})} \qquad (k, l \not\equiv 0 \bmod 2^n)\,.$$

Mit $k \equiv 1 \bmod. 2^n$ entsteht daraus durch Multiplikation über $l \not\equiv 0 \bmod. 2^n$ für die 2^n-te Potenz der GAUSSschen Summe die Aufspaltung

$$\omega_{2^n}(\mathfrak{p}) = \tau_{2^n}(\mathfrak{p})^{2^n} = \prod_{l \bmod 2^n}' \prod_{2^n}^{(1,l)}(\mathfrak{p})$$

in $2^n - 1$ JACOBIsche Summen. Nach A. WEIL (1952) sind nun die JACOBIschen Summen die Primdivisorwerte von HECKEschen Größencharakteren. Demnach ist die oben eingeführte Divisorfunktion $\omega_{2^n}(\mathfrak{a})$ begrifflich als ein HECKEscher Größencharakter in P_{2^n} gedeutet, und zwar genauer als ein solcher mit nur Primteilern von 2 im Führer.

Die eben herangezogene, altbekannte elementare Aufspaltung der 2^n-ten Potenz der GAUSSschen Summe in $2^n - 1$ JACOBIsche Summen kann nun durch eine sparsamere in nur n JACOBIsche Summen ersetzt werden, indem man die tieferliegende allgemeine Potenzierungsformel für GAUSSsche Summen von DAVENPORT-HASSE (1934) heranzieht, hier speziell die Quadrierungsformel

$$\left(\left(\frac{2}{\mathfrak{p}}\right)_{2^n}^{l} \tau_{2^n}^{(l)}(\mathfrak{p})\right)^2 = \tau_{2^n}^{(2l)}(\mathfrak{p})\, \pi_{2^n}^{(2^n-1,\, l)}(\mathfrak{p}) \qquad (l \not\equiv 0 \bmod 2^n)\,.$$

Mit $l = 2^{n-\nu}$ entsteht aus ihr durch Multiplikation über $\nu = 1, \ldots, n$ die Aufspaltung

$$\omega_{2^n}(\mathfrak{p}) = \tau_{2^n}(\mathfrak{p})^{2^n} = \prod_{\nu=1}^{n} \pi_{2^n}^{(2^n-1,\, 2^n-\nu)}(\mathfrak{p})^{2^\nu - 1}$$

in ein Potenzprodukt von nur n verschiedenen JACOBIschen Summen.

Die in diesen n JACOBIschen Summen auftretenden 2^n-ten Potenzrestsymbole in P_{2^n} reduzieren sich gemäß

$$\left(\frac{\xi}{\mathfrak{p}}\right)_{2^n}^{2^{n-1}} = \left(\frac{\xi}{\mathfrak{p}}\right)_2, \qquad \left(\frac{\eta}{\mathfrak{p}}\right)_{2^n}^{2^{n-\nu}} = \left(\frac{\eta}{\mathfrak{p}}\right)_{2^\nu}$$

auf 2-te bzw. 2^ν-te Potenzsymbole in P_{2^n}. Demgemäß lassen sich die n JACOBIschen Summen in P_{2^n} nach der allgemeinen Reduktionsformel von DAVENPORT-HASSE (1934) auf solche in den n Teilkörpern P_{2^ν} reduzieren:

$$\pi_{2^n}^{(2^{n-1},\, 2^{n-\nu})}(\mathfrak{p}) = \pi_{2^\nu}^{(2^{\nu-1},\, 1)}(N_{2^n/2^\nu}(\mathfrak{p}))\,, \quad \text{kurz} = \pi_{2^\nu}(N_{2^n/2^\nu}(\mathfrak{p}))\,.$$

Setzt man für einen Divisor $\mathfrak{a}$ von P_{2^n} allgemein

$$\mathfrak{a}_{2^\nu} = N_{2^n/2^\nu}(\mathfrak{a})\,,$$

so reduziert sich demnach der Größencharakter $\omega_{2^n}(\mathfrak{a})$ im Körper P_{2^n} gemäß

$$\omega_{2^n}(\mathfrak{a}) = \prod_{\nu=1}^{n} \pi_{2^\nu}(\mathfrak{a}_{2^\nu})^{2^{\nu-1}}$$

auf ein Potenzprodukt von n verschiedenen Größencharakteren $\pi_{2^\nu}(\mathfrak{a}_{2^\nu})$ in den n Teilkörpern P_{2^ν}.

Die oben erhaltene Auswertung des in Rede stehenden Potenzrestsymbols erhält damit die Gestalt

$$\left(\frac{2}{\mathfrak{a}}\right)_{2^n} = \zeta_{2^n}^{\frac{1}{2^n}\sum\limits_{\nu=1}^{n} 2^{\nu-1} S_{2^n}\left(\frac{\xi_{2^n}}{\lambda_{2^n}} \log \pi_{2^\nu}(\mathfrak{a}_{2^\nu})\right)} \qquad (n \geqq 2)\,.$$

Mittels der aus der Gleichung $\zeta_{2^n}^{2^{n-\nu}} = \zeta_{2^\nu}$ in der Gestalt

$$(1-\lambda_{2^n})^{2^{n-\nu}} - (1-\lambda_{2^\nu}) = 0$$

leicht folgenden Relativspurformel

$$S_{2^n/2^\nu}\left(\frac{\zeta_{2^n}}{\lambda_{2^n}}\right) = S_{2^n/2^\nu}\left(\frac{1}{\lambda_{2^n}} - 1\right) = 2^{n-\nu}\left(\frac{1}{\lambda_{2^\nu}} - 1\right) = 2^{n-\nu}\frac{\zeta_{2^\nu}}{\lambda_{2^\nu}}$$

vereinfacht sich diese Auswertungsformel noch weiter dahingehend, daß die Spurbildungen in den einzelnen Gliedern jeweils im betreffenden Teilkörper erfolgen, wobei sich der Nenner 2^n auf 2 erniedrigt:

$$\left(\frac{2}{\mathfrak{a}}\right)_{2^n} = \zeta_{2^n}^{\frac{1}{2}\sum\limits_{\nu=1}^{n} S_{2^\nu}\left(\frac{\zeta_{2^\nu}}{\lambda_{2^\nu}}\log \pi_{2^\nu}(\mathfrak{a}_{2^\nu})\right)} \qquad (n \geqq 2)\,.$$

Die für die Auswertungsformel erforderliche Voraussetzung $n \geqq 2$ wird weiterhin stillschweigend gemacht. Die Formel selbst wird folgendermaßen geschrieben:

$$\left(\frac{2}{\mathfrak{a}}\right)_{2^n} = \zeta_{2^n}^{A_{2^n}(\mathfrak{a})} = \zeta_{2^n}^{\sum\limits_{\nu=1}^{n} A_{2^n}^{(2^\nu)}(\mathfrak{a})}$$

mit

$$A_{2^n}^{(2^\nu)}(\mathfrak{a}) = \frac{1}{2}\, S_{2^\nu}\left(\frac{\zeta_{2^\nu}}{\lambda_{2^\nu}}\log \pi_{2^\nu}(\mathfrak{a}_{2^\nu})\right).$$

3. Weitere Reduktionen der Auswertungsformel

Da P_{2^n} bekanntlich ungerade Klassenzahl h hat, lassen sich die zu 2 primen Divisorargumente $\mathfrak{a}$ aus P_{2^n} nach dem Schema

$$\left(\frac{2}{\mathfrak{a}}\right)_{2^n} = \left(\frac{2}{\alpha}\right)_{2^n}^{h-1} \qquad \text{für} \qquad \mathfrak{a}^h \cong \alpha$$

auf zu 2 prime Zahlargumente α aus P_{2^n} zurückführen. Für solche hat man dann

$$\left(\frac{2}{\alpha}\right)_{2^n} = \zeta_{2^n}^{A_{2^n}(\alpha)} = \zeta_{2^n}^{\sum\limits_{\nu=1}^{n} A_{2^n}^{(2^\nu)}(\alpha_{2^\nu})}$$

mit

$$A_{2^n}^{(2^\nu)}(\alpha) = \frac{1}{2}\, S_{2^\nu}\left(\frac{\zeta_{2^\nu}}{\lambda_{2^\nu}}\log \pi_{2^\nu}(\alpha_{2^\nu})\right),$$

wobei es auf die Zahlargumente

$$\alpha_{2^\nu} = N_{2^n/2^\nu}(\alpha)$$

aus den Körpern P_{2^ν} gemäß der Definition der Größencharakter π_{2^ν} nur als Hauptdivisoren ankommt.

Aus den bekannten arithmetischen Daten

Primdivisorzerlegung, *Betragsquadrat*, *Kongruenzwert* mod $2\,\lambda_{2^\nu}$

für die JACOBIschen Summen $\pi_{2^\nu}(\mathfrak{p}_{2^\nu})$ ergeben sich nun durch Zusammensetzung die entsprechenden arithmetischen Daten für die Größencharakterwerte $\pi_{2^\nu}(\alpha_{2^\nu})$, nämlich

$$\pi_{2^\nu}(\alpha_{2^\nu}) \cong \begin{cases} N^+_{2^\nu}(\alpha_{2^\nu}) & (\nu \geqq 2) \\ N_{2^1}(\alpha_{2^1}) = N_{2^n}(\alpha) & (\nu = 1) \end{cases},$$

$$|\pi_{2^\nu}(\alpha_{2^\nu})|^2 = \begin{cases} N_{2^\nu}(\alpha_{2^\nu}) = N_{2^n}(\alpha) & (\nu \geqq 2) \\ N_{2^1}(\alpha_{2^1})^2 = N^2_{2^n}(\alpha) & (\nu = 1) \end{cases},$$

$$\pi_{2^\nu}(\alpha_{2^\nu}) \equiv 1 \bmod 2\,\lambda_{2^\nu}\,,$$

mit folgender Definition der *Halbnorm*:

$$N^+_{2^\nu}(\alpha_{2^\nu}) = \prod_J \alpha_{2^\nu}^{J-1}\,, \quad J = \left(\zeta_{2^\nu} \to \zeta_{2^\nu}^j\right),$$

$$j \bmod 2^\nu \text{ prim}\,, \quad 0 < j < 2^{\nu-1}\,.$$

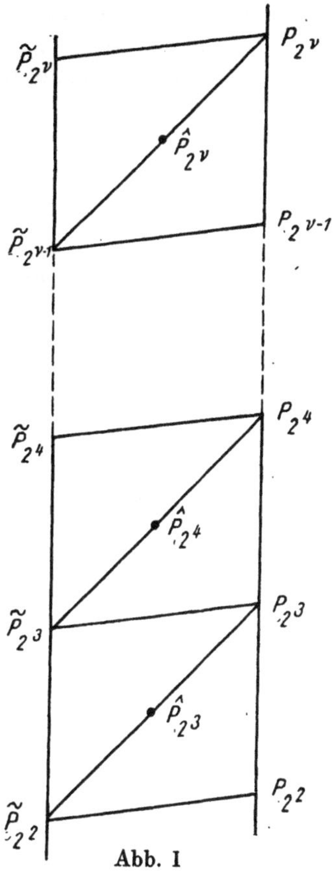

Abb. I

Diese arithmetischen Daten kennzeichnen die Zahlen $\pi_{2^\nu}(\alpha_{2^\nu})$ aus P_{2^ν} eindeutig. Vergleich mit den in dieser Kennzeichnung rechts auftretenden Zahlen ergibt explizit

$$\pi_{2^\nu}(\alpha_{2^\nu}) = \begin{cases} N_{2^n}(\alpha) & (\nu = 1) \\ \zeta^*_{2^2}\, N^+_{2^2}(\alpha_{2^2}) = \zeta^*_{2^2}\, \alpha_{2^2} & (\nu = 2) \\ \zeta^*_{2^1}\, N^+_{2^\nu}(\alpha_{2^\nu}) & (\nu \geqq 2) \end{cases},$$

wobei die Einheitswurzelfaktoren $\zeta^*_{2^2}$, $\zeta^*_{2^1}$ rechts dadurch festgelegt sind, daß sie die Halbnorm kongruent 1 mod $2\,\lambda_{2^\nu}$ machen. Die Festlegung bis auf einen Vorzeichenfaktor $\zeta^*_{2^1} = \pm 1$ gelingt für $\nu \geqq 3$ deshalb, weil für $\nu \geqq 3$ sowohl $\pi_{2^\nu}(\alpha_{2^\nu})$ als auch $N^+_{2^\nu}(\alpha_{2^\nu})$ in dem Invariantenkörper $\hat{P}_{2^\nu}$ bei $\zeta_{2^\nu} \to -\zeta_{2^\nu}^{-1}$ liegen, der nur die 2-ten Einheitswurzeln ± 1 enthält. Außer ihm spielt im folgenden der Invariantenkörper $\tilde{P}_{2^\nu}$ bei $\zeta^{2^\nu} \to \zeta_{2^\nu}^{-1}$, also der größte reelle Teilkörper von P_{2^ν} eine Rolle. Die Körper $\tilde{P}_{2^\nu}$, $\hat{P}_{2^\nu}$ werden durch die folgendermaßen rekursiv gebildeten Radikalausdrücke $\tilde{\lambda}_{2^\nu}, \hat{\lambda}_2$ erzeugt:

$$\tilde{\lambda}_{2^\nu} = 2 - \left(\zeta_{2^\nu} + \zeta_{2^\nu}^{-1}\right) = 2 - \sqrt{4 - \tilde{\lambda}_{2^{\nu-1}}}$$

$$\hat{\lambda}_{2^\nu} = \zeta_{2^\nu} - \zeta_{2^\nu}^{-1} = \sqrt{-\tilde{\lambda}_{2^{\nu-1}}}$$

$$\tilde{\lambda}_{2^{\nu-1}} = 2 - \left(\zeta_{2^{\nu-1}} + \zeta_{2^{\nu-1}}^{-1}\right)$$

$$\vdots \qquad\qquad \vdots$$

$$\tilde{\lambda}_{2^4} = 2 - \sqrt{2 + \sqrt{2}} \qquad \hat{\lambda}_{2^4} = \sqrt{-2 + \sqrt{2}}$$

$$\tilde{\lambda}_{2^3} = 2 - \sqrt{2} \qquad \hat{\lambda}_{2^3} = \sqrt{-2}$$

$$\tilde{\lambda}_{2^2} = 2$$

Für $\nu \geqq 3$ läßt sich die in der Auswertungsformel vorkommende Spur S_{2^ν} in P_{2^ν} noch auf die Spur $\bar{S}_{2^{\nu-1}}$ in $\bar{P}_{2^{\nu-1}}$ zurückführen, indem man die Relativspurbildung explizit ausführt. So ergibt sich schließlich

$$A_{2^n}^{(2^\nu)}(\alpha) = \begin{Bmatrix} -\frac{1}{2^2}\log N_{2^n}(\alpha) & (\nu = 1) \\ -\frac{1}{2^2}\log N_{2^n}(\alpha) - \frac{1}{2^2\,\zeta_{2^2}}\log\frac{\pi_{2^2}(\alpha_{2^2})}{\overline{\pi_{2^2}(\alpha_{2^2})}} & (\nu = 2) \\ -\frac{2^{\nu}-2}{2^2}\log N_{2^n}(\alpha) - \bar{S}_{2^{\nu-1}}\left(\frac{1}{\hat{\lambda}_{2^\nu}}\log\frac{\pi_{2^\nu}(\alpha_{2^\nu})}{\overline{\pi_{2^\nu}(\alpha_{2^\nu})}}\right) & (\nu \geqq 3) \end{Bmatrix},$$

wo $\overline{\pi_{2^\nu}(\alpha_{2^\nu})}$ die konjugiert-komplexe Zahl zu $\pi_{2^\nu}(\alpha_{2^\nu})$ bedeutet, und wo diese Bildungen in der angegebenen Weise durch Normierung kongruent 1 mod. $2\,\lambda_{2^\nu}$ der Halbnormen $N_{2^\nu}^{+}(\alpha_{2^\nu})$ und ihrer konjugiert-komplexen $\overline{N_{2^\nu}^{+}}(\alpha_{2^\nu})$ gefunden werden können.

Man hat dann

$$\left(\frac{2}{\alpha}\right)_{2^n} = \zeta_{2^n}^{A_{2^n}(\alpha)} \qquad \text{mit} \qquad A_{2^n}(\alpha) = \sum_{\nu=1}^{n} A_{2^n}^{(2^\nu)}(\alpha)\,.$$

4. Auswertung der Logarithmen

$n = 2$.

Ohne Einschränkung kann man durch einen Einheitswurzelfaktor normieren

$$\alpha \equiv 1 \bmod 2\,\lambda_{2^2}\,.$$

Dann wird

$$\pi_{2^2}(\alpha) = N_{2^2}^{+}(\alpha) = \alpha\,,$$

und daher nach dem bisherigen Ergebnis

$$A_{2^2}(\alpha) = -\frac{1}{2}\log\alpha\,\bar{\alpha} - \frac{1}{2^2\,\zeta_{2^2}}\log\frac{\alpha}{\bar{\alpha}}\,.$$

Mit dem Ansatz

$$\alpha = (1 - 2^2\,x') - \frac{2^2}{\lambda_{2^2}}\,y = (1 - 2^2\,x' - 2\,y) - 2\,y\sqrt{-1}\,,$$

$$N_{2^2}(\alpha) = (1 - 2^2\,x)^2 + (2\,y)^2$$

$\left(\text{wo } x = x' + \frac{y}{2} \text{ oder } -x' - \frac{y-1}{2}, \text{ je nachdem } y \equiv 0 \text{ oder } 1 \bmod 2\right)$ erhält man das Endergebnis:

$$A_{2^2}(\alpha) \equiv y \bmod 2^2$$

(GAUSS 1828)

$n \geqq 3$.

Aus dem bisherigen Ergebnis heben sich die Glieder mit $\log N_{2^n}(\alpha)$ heraus. Es bleibt

$$A_{2^n}(\alpha) = \sum_{\nu=2}^{n} B_{2^n}^{(2^\nu)}(\alpha)$$

mit

$$B_{2^n}^{(2^\nu)}(\alpha) = \left\{\begin{matrix} -\dfrac{1}{2^2\,\zeta_{2^2}} \log \dfrac{\pi_{2^2}(\alpha_{2^2})}{\overline{\pi_{2^2}(\alpha_{2^2})}} & (\nu = 2) \\ -\widetilde{S}_{2^{\nu-1}}\left(\dfrac{1}{\widehat{\lambda}_{2^\nu}} \log \dfrac{\pi_{2^\nu}(\alpha_{2^\nu})}{\overline{\pi_{2^\nu}(\alpha_{2^\nu})}}\right) & (\nu \geqq 3) \end{matrix}\right\}.$$

Ohne Einschränkung kann man durch einen Einheitsfaktor normieren

$$\alpha = \alpha_{2^n} \equiv 1 \bmod. \lambda_{2^n}^5 = \bar{\lambda}_{2^{n-1}}\,\lambda_{2^n}$$

und damit auch

$$\alpha_{2^\nu} \equiv 1 \bmod. \left\{\begin{matrix} \lambda_{2^2}^4 = 2^2 & (\nu = 2) \\ \lambda_{2^\nu}^5 = \bar{\lambda}_{2^{\nu-1}}\,\lambda_{2^\nu} & (\nu \geqq 3) \end{matrix}\right\}.$$

Dann wird

$$\pi_{2^\nu}(\alpha_{2^\nu}) = N_{2^\nu}^{+}(\alpha_{2^\nu}),$$

jedenfalls für $\nu \leqq 5$, vermutlich aber auch für alle $\nu \leqq n$. Dementsprechend werde angesetzt:

$$\pi_{2^\nu}(\alpha_{2^\nu}) = \left\{\begin{matrix} (1 - 2^2 x) - 2^2 y\,\zeta_{2^2} = (1 - 2^2 x) - 2^2 y\sqrt{-1} & (\nu = 2) \\ 1 - 2\,\bar{\lambda}_{2^2}\,\bar{\xi}_{2^2} + 2\,\bar{\eta}_{2^2}\,\widehat{\lambda}_{2^3} = (1 - 2^2 u) + 2\,v\sqrt{-2} & (\nu = 3) \\ 1 - 2\,\bar{\lambda}_{2^{\nu-1}}\,\bar{\xi}_{2^{\nu-1}} + 2\,\bar{\eta}_{2^{\nu-1}}\,\widehat{\lambda}_{2^\nu} & (\nu \geqq 4) \end{matrix}\right\},$$

$$N_{2^n}(\alpha) = \left\{\begin{matrix} (1 - 2^2 x) + (2^2 y)^2 & (\nu = 2) \\ (1 - 2^2 u)^2 + 2\,(2\,v)^2 & (\nu = 3) \\ \left(1 - 2\,\bar{\lambda}_{2^{\nu-1}}\,\bar{\xi}_{2^{\nu-1}}\right)^2 + \bar{\lambda}_{2^{\nu-1}}\left(2\,\bar{\eta}_{2^{\nu-1}}\right)^2 & (\nu \geqq 4) \end{matrix}\right\}.$$

Allgemein ergibt sich dann

$$B_{2^n}^{(2^\nu)} \equiv \left\{\begin{matrix} 2\,y \sum\limits_{0 \leqq 2k \leqq n-2} 2^{2k}\,g_k(x, y^2) & (\nu = 2) \\ 2^2\,\bar{S}_{2^{\nu-1}}(\bar{\eta}_{2^{\nu-1}}) & \\ \quad + 2^2 \sum\limits_{k=1}^{n-1} 2^k\,\bar{S}_{2^{\nu-1}}\left(\bar{\eta}_{2^{\nu-1}}\,g_k\left(\bar{\lambda}_{2^{\nu-1}}\,\bar{\xi}_{2^{\nu-1}},\ \bar{\lambda}_{2^{\nu-1}}\,\bar{\eta}_{2^{\nu-1}}^2\right)\right) & (\nu \geqq 3) \end{matrix}\right\} \bmod 2^n$$

mit

$$g_k(s, t) = \sum_{0 \leqq 2\varkappa \leqq k} \frac{(-1)^\varkappa}{2\varkappa + 1}\binom{k}{2\varkappa} s^{k-2\varkappa}\,t^\varkappa \qquad (k \geqq 0).$$

Bis zu $n = 5$ hin werden nur folgende Glieder gebraucht:

	$\nu = 2$	$\nu = 3$	$\nu = 4$	$\nu = 5$	
$n = 3$	$2\,y$	$2^2\,v$			mod 2^3
$n = 4$	$2\,y + 2^3\,x\,y$	$2^2\,v$	$2^2\,\bar{S}_{2^3}(\bar{\eta}_{2^3})$		mod 2^4
$n = 5$	$2\,y + 2^3\,x\,y$	$2^2\,v + 2^4\,u\,v$	$2^2\,\bar{S}_{2^3}(\bar{\eta}_{2^3})$	$2^2\,\bar{S}_{2^4}(\bar{\eta}_{2^4})$	mod 2^5

Aus der Kongruenz

$$N_{2^n}(\alpha) \equiv 1 \bmod 2^n$$

folgt

$$x \equiv \begin{Bmatrix} 0 \bmod 2 & (n = 4) \\ 2\, y \bmod 2^2 & (n = 5) \end{Bmatrix}.$$

Außer diesen Beziehungen kann man Kongruenzen zwischen den Koordinatenpaaren zweier aufeinander folgender Stufen $\nu - 1$, ν ableiten. Sie ergeben sich, indem man der Entstehung dieser Koordinatenpaare aus der zugrundegelegten Zahl α durch Relativnorm- und Halbnormbildung nachgeht. Auf diese Weise erhält man für $\nu = 3$:

$$x + y \equiv v\,, \qquad y \equiv u \qquad \bmod 2\,,$$

für $\nu = 4$:

$$\tilde{S}_{2^3}(\tilde{\eta}_{2^3}) \equiv 2\, v \bmod 2^2\,,$$

für $\nu = 5$:

$$\tilde{S}_{2^4}(\tilde{\eta}_{2^4}) \equiv 2^2\, v \bmod 2^3.$$

Wir setzen noch $\tilde{\eta}_{2^3} = s + t\sqrt{2}$ und erhalten als Endergebnis für $n = 3, 4, 5$:

$$A_{2^3}(\alpha) \equiv 2\, y + 2^2\, v \equiv -2\, y - 2^2\, x \qquad \bmod 2^3$$

(PERROT 1888, WESTERN 1911),

$$A_{2^4}(\alpha) \equiv 2\, y - 2^2\, v \qquad \bmod 2^4$$

(AIGNER 1939),

$$A_{2^5}(\alpha) \equiv 2\, y + 2^2\, v - 2^3\, s \bmod 2^5\,.$$

Um ein allein im rationalen Zahlkörper ausgedrücktes Kriterium für den 2^n-ten Potenzcharakter ($n = 3, 4, 5$) von 2 nach einer rationalen Primzahl $p \equiv 1 \bmod 2^n$ zu erhalten, wähle man α als normierten Primfaktor ersten Grades in P_{2^n} von p, was immer möglich ist, da der Körper P_{2^n} für $n \geqq 5$ die Klassenzahl 1 hat. Dann ergeben sich ohne weiteres die in der Einleitung genannten Kriterien für $n = 3, 4, 5$.

Vermöge der getroffenen Normierung wird $N^+_{2^2}(\alpha_{2^2})$ $N^+_{2^3}(\alpha_{2^2})$ $N^+_{2^4}(\alpha_{2^4})$ durch p eindeutig bis auf die Auswahl unter konjugierten festgelegt. Das Verhalten der Koordinaten $y, v, \eta = s + t\sqrt{2}$ dieser Halbnormen bei den erzeugenden Automorphismen von P_{2^4}/P wird durch das folgende Schema wiedergegeben:

	y	v	η	s	t
$\zeta_{2^4} \to \zeta_{2^4}^{-1}$	$-y$	$-v$	$-\eta$	$-s$	$-t$
$\zeta_{2^4} \to \zeta_{2^4}^{1+2^3}$	y	$-v$	$\eta'\,\varepsilon$	$s - 2\,t$	$s - t$

Zur Präzisierung des Endergebnisses im Fall $n = 5$ allein im rationalen Zahlkörper fehlt noch eine Vorschrift, welche der beiden Möglichkeiten $\pm\eta$ oder $\pm\eta'\,\varepsilon$ einem willkürlich festgelegten Paar y, v entspricht. Für $v \not\equiv 0 \bmod 2$ leistet das die Relation

$$y - v \equiv 2\, t \bmod 2^2,$$

für $v \equiv 0 \bmod 2^2$ ist es gleichgültig, daher bleibt nur der Fall $v \equiv 2 \bmod 2^2$ unentschieden.

Beispiel: $p = 257$

$$257 = 1^2 + (2^2 \cdot 4)^2, \quad y = 4,$$

$$257 = (-15)^2 + 2\,(2 \cdot 2)^2, \quad v = 2,$$

$$257 = \left(9 + 4\sqrt{2}\right)^2 + \left(2 - \sqrt{2}\right)\left[2\left(0 + 3\sqrt{2}\right)\right]^2$$

$$= \left(9 - 4\sqrt{2}\right)^2 + \left(2 - \sqrt{2}\right)\left[2\left(-6 - 3\sqrt{2}\right)\right]^2,$$

$$\{s, t\} = \{0, 3\} \quad \text{oder} \quad \{-6, -3\}.$$

Die beiden wesentlich verschiedenen möglichen Festlegungen ergeben für die Exponentenfunktion

$$2\,y + 2^2\,v - 2^3\,s \equiv 2^4 \quad \text{oder} \quad 0 \quad \bmod 2^5.$$

Um die richtige Lösung zu finden, suche man einen normierten Primfaktor α_{2^4} von 257 in P_{2^4}. Als solcher erweist sich

$$\alpha_{2^4} = 1 + 2\,\zeta_{2^4}.$$

Für ihn wird

$$N^+_{2^4}(\alpha_{2^4}) = \left(9 + 4\sqrt{2}\right) + 2\left(0 + 3\sqrt{2}\right)\hat{\lambda}_{2^4}$$

also $s = 0$,

$N^+_{2^3}(\alpha_{2^3}) = -15 - 2^2\,\hat{\lambda}_{2^3}$, also $v = 2$,

$N^+_{2^2}(\alpha_{2^2}) = 1 - 2^4\,\zeta_{2^2}$, also $y = 4$.

Demnach ist

$$2\,y + 2^2\,v - 2^3\,s \equiv 2^4 \bmod 2^5$$

und 2 ist kein 2^5-ter Potenzrest mod 257.

Weitere Beispiele für den unentschieden gebliebenen Unterfall $v \equiv 2 \bmod 2^2$ wurden mit Hilfe der elektronischen Rechenanlage IBM 650 gewonnen. Siehe hierzu die in der Fußnote 1, Seite 59 genannte Arbeit.

Untersuchungen über Dirichlet-Polynome

Von Paul Turán (Budapest)

1. Nachdem Euler den ersten Schritt zur Begründung der analytischen Zahlentheorie durch die Einführung der Funktion

$$\zeta(x) = \frac{1}{1^x} + \frac{1}{2^x} + \cdots + \frac{1}{n^x} + \cdots \tag{1.1}$$

für reelle $x > 1$ gemacht hatte, tat Dirichlet den zweiten durch Einführung von Reihen der Form

$$\sum_{m=1}^{\infty} a_m m^{-x}, \tag{1.2}$$

die *nicht* aus $\zeta(x)$ durch einfache analytische Operationen herleitbar sind. Obgleich er nur spezielle Reihen der Form (1.2) betrachtete, so ist es doch durch die Bedeutung dieses Schrittes, welche den Eulerschen Kunstgriff zu einer Methode erhob, völlig gerechtfertigt, die Reihen vom Typ (1.2) und auch allgemeiner Reihen der Form

$$\sum_{m=1}^{\infty} a_m e^{-\lambda_m x} \tag{1.3}$$

mit $\lambda_1 < \lambda_2 < \cdots \to +\infty$ nach dem vor 100 Jahren verstorbenen Meister als Dirichletsche Reihen zu bezeichnen. Die Theorie dieser Reihen wurde seitdem nicht nur vom Standpunkt der Zahlentheorie aus gepflegt, sondern auch auf komplexe Gebiete vom Standpunkt der Analysis aus ausgedehnt und bildet eine Brücke zwischen diesen zwei Gebieten der Mathematik.

In fast allen Untersuchungen dieser Theorie ist vorausgesetzt, daß unendlich viele Koeffizienten a_n nicht verschwinden. Im folgenden möchte ich darauf hinweisen, daß von *beiden* Standpunkten aus gewisse Fragen von Bedeutung sind, die sich auf *endliche* Dirichlet-Reihen beziehen und die auch selbständiges Interesse beanspruchen. Im folgenden werden wir solche Fragen beider Arten behandeln, die den Zusammenhang mit den beiden erwähnten Theorien wesentlich sichtbar machen und einige neuere Resultate diskutieren, manchmal nebst Beweisskizzen. Ferner werden wir ganz kurz Fragenkomplexe dreierlei Art erwähnen, welche durch Betrachtung passender Dirichlet-Polynome wesentlich gefördert worden sind, zu welchen ich aber jetzt nichts Neues hinzufügen will.

2. Zu der ersten Fragestellung wurde ich eigentlich vor mehr als zehn Jahren geführt. Ausgehend von der Frage, wie weit in der Halbebene $\sigma < 1$ die Partialsummen

$$U_n(s) = \sum_{m=1}^{n} m^{-s} \qquad (s = \sigma + i\,t) \tag{2.1}$$

der Zetareihe das Verhalten von $\zeta(s)$ imitieren, hatte ich gefunden [1], daß, wenn alle Partialsummen $U_n(s)$ mit hinreichend großen n in der Halbebene $\sigma > 1$

nicht verschwinden, die wohlbekannte Vermutung von RIEMANN wahr ist, daß die Zeta-Funktion in der Halbebene $\sigma > 1/2$ nicht verschwindet. Was diesen Satz im ersten Augenblick etwas verblüffend macht, sind die Tatsachen, daß die Limesfunktion in der Halbebene $\sigma > 1$ offenbar nicht verschwindet, also keine Stelle in dieser offenen Halbebene Häufungspunkt von Nullstellen der Partialsummen sein kann, und zweitens, daß damit eine weitere Möglichkeit eröffnet ist, die Fastperiodizität auszunützen. Allerdings führte der Satz zu vielen Fragen; ich erwähne nur einige.

1. Kann man die Wahrheit der RIEMANNschen Vermutung aus schwächeren Voraussetzungen schließen als aus dem Nichtverschwinden von $U_n(s)$ für

$$n > n_0\,, \quad \sigma > 1\,? \tag{2.2}$$

2. Kann man den obigen Satz, oder wenigstens einen der schärferen Form, umkehren?

3. Ist die Situation vielleicht günstiger mit passenden Mittelwerten der Zetareihe

$$\sum_{m=1}^{\infty} m^{-s} \tag{2.3}$$

anstatt der Partialsumme $U_n(s)$?

4. Gibt es analoge Sätze statt (2.3) mit den entsprechenden Mittelwerten der Reihe

$$\sum_{m=1}^{\infty} (-1)^{m+1}\, m^{-s}\,, \tag{2.4}$$

die für $\sigma > 1$ die Funktion $\left(1 - \frac{2}{2^s}\right)\zeta(s)$ darstellt?

5. Kann man in der Behauptung des Satzes, die Forderung abmildernd, *unendlich viele* Ausnahmewerte von n zulassen?

6. In welcher Halbebene kann man das Nichtverschwinden der entsprechenden Mittelwerte wirklich beweisen?

Über die vielen diesbezüglichen Resultate in [1] will ich nicht eingehend referieren. Ich erwähne nur, daß ich eine Umkehrung nicht finden konnte. Aber, was 5. anbelangt, kann man wirklich unendlich viele Ausnahmewerte zulassen, und zwar so, daß

$$\lim_{x\to\infty} \frac{a(x)}{\log x} = 0\,, \tag{2.5}$$

wobei $a(x)$ die Anzahl der Ausnahmewerte von n unterhalb von x bedeutet. Neuerdings hat HASELGROVE [2] gezeigt, daß unendlich viele Partialsummen $U_n(s)$ in der Halbebene $\sigma > 1$ verschwinden, jedoch ohne eine Orientierung über die Indizes n und die Lage der Nullstellen in $\sigma > 1$ in Abhängigkeit von n zu geben. Diese Tatsache regte mich an, die Fragen noch einmal aufzugreifen, und ich konnte die früheren Resultate beträchtlich verbessern. Ich werde hier nur zwei Resultate erwähnen und kurz besprechen.[1])

[1]) Eine ausführliche Behandlung wird in den Acta Math. Hung. erscheinen. Zusatz bei der Korrektur (8. 4. 63). Seitdem ist nicht nur diese Arbeit im Druck erschienen (Acta Math. Hung. **10**, fasc. 3—4 (1959) 277—298), sondern auch eine andere, nach der man die Breite des Halbstreifens (2. 7) auf $2^{n^{3/2}}$ reduzieren kann (Acta Szeged **XXI**, fasc. 3—4 (1960) 311—318).

Es sei

$$C_n(s) = \sum_{m=1}^{n} \left(1 - \frac{m}{n+1}\right) m^{-s}, \tag{2.6}$$

das n-te CESARO-Mittel erster Ordnung der Zetareihe (2.3). Wenn für jedes hinreichend große n oder auch, wenn nur (2.5) erfüllt ist, das Polynom $C_n(s)$ in dem Streifen

$$\sigma > 1 + \frac{\log^3 n}{\sqrt{n}}, \tag{2.7}$$

$$0 \leqq t \leqq e^{n^3}$$

nicht verschwindet, so ist die RIEMANNsche Vermutung wahr. Wenn umgekehrt die RIEMANNsche Vermutung wahr ist, so verschwindet das Polynom $C_n(s)$ im Gebiet

$$\sigma \geqq 1 \tag{2.8}$$

$$c_1 \leqq t \leqq e^{e^{c_1 \frac{\log n}{\log\log n}}}$$

nicht, wenn $n > c_2$ und c_1, c_2 und später $c_3, \ldots$ positive numerische Konstante bedeuten. Ein ganz ähnlicher Satz gilt für die $U_n(s)$ selbst, nur ist der zweite Teil weniger scharf.

Das ist das erste der erwähnten Resultate erster Art. Die Pointe ist offenbar, daß die *Halbebene* ohne Nullstellen der Näherungspolynome in etwas überraschender Weise *durch einen nur von n abhängigen Halbstreifen* ersetzt ist, was also einen ersten Schritt in der Richtung der Fragestellung 2 gestattet. Die Lücke zwischen den beiden Teilen des Satzes ist noch erheblich; sie entweder durch einen verfeinerten Beweis oder durch Benützung besser passender Näherungspolynome wesentlich zu verkleinern, scheint mir eine wichtige Aufgabe zu sein. Man könnte ja sagen, daß die Polynome $C_n(s)$ für keinen Punkt der Linie $\sigma = 1$ konvergieren. Warum also sollen sie in der rechtsseitigen Nähe der Linie $\sigma = 1$ das Verhalten von $\zeta(s)$ widerspiegeln? Dieser Einwand wird teilweise durch die Tatsache behoben, daß man mit allereinfachsten Mitteln doch zeigen kann, daß $U_n(s)$ für jedes hinreichend große n im Gebiet

$$\sigma \geqq 1 \tag{2.10}$$

$$c_3 \leqq t \leqq \sqrt{n}$$

und auch — mit tiefen VINOGRADOFFschen Hilfsmitteln — im Gebiet

$$\sigma \geqq 1 \tag{2.11}$$

$$c_4 \leqq t \leqq e^{c_5 \log^{3/2} n}$$

nicht verschwindet. Die Nullstellen von $U_n(s)$ haben also wenigstens eine Tendenz, für $\sigma > 1$ nicht zu verschwinden. Einen weiteren Einwand bekommt man, wenn man die DIRICHLETsche L-Reihe mit dem Nicht-Hauptcharakter mod 4

$$L(s) = \frac{1}{1^s} - \frac{1}{3^s} + \frac{1}{5^s} - \cdots \tag{2.12}$$

betrachtet, die in der Halbebene $\sigma > 0$ konvergiert und auf der Linie $\sigma = 1$ nicht verschwindet. Die Nullstellen von

$$H_n(s) = \sum_{2m-1 \leqq n} (-1)^{m+1} (2m-1)^{-s} \tag{2.13}$$

haben also keine Häufungsstellen in der Halbebene $\sigma \geqq 1$. Trotzdem kann man zeigen, daß aus dem Nichtverschwinden von $H_n(s)$ im Gebiete (2.7) für jedes hinreichend große n die Wahrheit der RIEMANNschen Vermutung für $\zeta(s)$ folgt und wahrscheinlich auch die Umkehrung im Sinne von (2.8). Das ist das zweite zu erwähnende Resultat erster Art. Doch ist es möglich, daß immer noch einige Nullstellen von $H_n(s)$ „hoch" in der Halbebene $\sigma > 1$ „tief" eindringen können. Um dies zu vermeiden, werden wir zu der interessanten Aufgabe geführt, endliche Mittelwerte

$$\sum_{m=1}^{n} d_{mn}\, a_m\, e^{-\lambda_m s} \tag{2.14}$$

der Reihe (1.3) von der Eigenschaft anzugeben, daß sie in der Halbebene $\sigma > 1$ nicht verschwinden, wenn die Funktion

$$f(s) = \sum_{m=1}^{\infty} a_m\, e^{-\lambda_m s} \tag{2.15}$$

nicht verschwindet.

3. Damit sind wir schon zur Analysis gekommen. Eine weitere Rolle können die endlichen DIRICHLET-Reihen bei der funktionentheoretischen Charakterisierung der verschiedenen Konvergenzgeraden der Reihe (2.15) spielen. Bekanntlich kann man die gewöhnliche Konvergenzgerade der Reihen (2.15) „im gewöhnlichen Sinne" funktionentheoretisch nicht charakterisieren. Doch ist es *gewissermaßen* eine solche Charakterisierung, wenn wir sagen, daß alle ihre Punkte Häufungsstellen von Nullstellen der Partialsummen sind und keine Gerade, parallel und rechts von dieser, diese Eigenschaft besitzt, wie von K. KNOPP bemerkt wurde. Es entsteht die Frage, ob sich nicht *alle* eingeführten Konvergenzabszissen durch geeignete Eigenschaften der Nullstellen von Partialsummen charakterisieren lassen. Es hat A. OSTROWSKI z. B. gefunden, daß die Abszisse der gleichmäßigen Konvergenz gleich dem lim der reellen Teile der Nullstellen aller Partialsummen ist.

4. Indem wir weitere Bemerkungen über diesen Satzkomplex beiseite lassen, kommen wir zu den Fragen zweiter Art, die ebenfalls zur Untersuchung *endlicher* DIRICHLET-Reihen führen. Wir fangen mit einer einfachen Bemerkung an. Um das Regularitätsgebiet von $\zeta'(s)/\zeta(s)$ zu studieren, ist es naheliegend, einen beliebigen Punkt

$$s_0 = \sigma_0 + i\, t_0$$

auf der Geraden $\sigma = \sigma_0$ mit $\sigma_0 > 1$ und $t_0 > \sqrt{2\,\sigma_0}$ herauszugreifen und den Konvergenzradius R der Potenzreihenentwicklung von $\zeta'/\zeta(s)$ um $s = s_0$ zu betrachten. Dieser ist durch

$$R = \lim_{k \to \infty} \left(\frac{k!}{\left| \frac{\zeta'}{\zeta}(s)^{(k)} \right|_{s=s_0}} \right)^{1/k} \tag{4.1}$$

gegeben. Ersetzen wir die Nenner heuristisch durch ihren quadratischen Mittelwert, genommen entlang der Linie $\sigma = \sigma_0$. Wie eine leichte Rechnung zeigt, ist dann die rechte Seite $\geqq \sigma_0 - \frac{1}{2}$. Wenn also die Punkte, in welchen diese Ersetzung „gerechtfertigt" ist, auf der Geraden $\sigma = \sigma_0$ „dicht" liegen und σ_0 „groß" gewählt war, dann bedecken die Kreise $|s - s_0| \leqq R$ „im Wesentlichen" die Halbebene $\sigma > 1/2$. Allerdings taucht so die Frage auf, „wie oft" bei gegebenem $f(s)$ mit der DIRICHLET-Reihe (2.15) in der Halbebene der absoluten Konvergenz auf einer vertikalen Geraden Punkte existieren, wo der Absolutwert der Funktion mit dem quadratischen Mittelwert „vergleichbar" ist. Da für ein großes k der Beitrag der Glieder mit „allzu großem" Index unwesentlich ist, so gelangen wir zu der auch an und für sich interessanten Frage, für welche $d = d(n)$ und $g = g(n)$ man behaupten kann, daß jedes DIRICHLET-Polynom

$$F(s) = \sum_{m=1}^{n} a_m e^{-\lambda_m s}$$

für jedes reelle σ_0 auf jeder Strecke $I(d)$ von der Länge d der Geraden $\sigma = \sigma_0$ die Ungleichung

$$\min_{s \in I(d)} |F(s)| \leqq g \left(\sum_{m=1}^{n} |a_m|^2 e^{-2\lambda_m \sigma_0} \right)^{1/2} \tag{4.2}$$

befriedigt. Zur Orientierung bemerken wir gleich, daß für

$$g = \sqrt{n} \tag{4.3}$$

die Frage trivial ist. Die Schwierigkeiten fangen also erst an, wenn g „klein", etwa $\log n$ ist. Wir werden eine Skizze des Beweises für den Satz angeben, daß für den Fall

$$G(s) = \sum_{m=1}^{n} a_m \cdot m^{-s} \tag{4.4}$$

(also $\lambda_m = \log m$) die Ungleichung

$$\min_{s \in I(n+1)} |G(s)| \leqq 6 \sqrt{\log n} \left(\sum_{m=1}^{n} |a_m|^2 m^{-2\sigma_0} \right)^{1/2} \tag{4.5}$$

gilt, wenn nur $n > c_5$.

5. Es genügt offenbar zu zeigen, daß für $n > c_6$,

$$\varphi(t) = \sum_{m=1}^{n} b_m e^{it \log m} \tag{5.1}$$

und reelles ω die Ungleichung

$$\min_{\omega \leqq t \leqq \omega + n + 1} |\varphi(t)| \leqq 6 \sqrt{\log n} \left(\sum_{m=1}^{n} |b_m|^2 \right)^{1/2} \tag{5.2}$$

gilt.

Diese Ungleichung wird leicht aus einem neueren Satz einer Theorie folgen, deren Grundzüge und vielseitige Anwendbarkeit zu skizzieren ich schon in Berlin die Ehre hatte.[1]) In einem Satz zusammengefaßt beschäftigt sich die Theorie,

[1]) Eine neue Darstellung dieser Theorie mit weiteren Anwendungen wird in einer englischen Ausgabe meines Buches „Über eine neue Methode der Analysis und deren Anwendungen" gegeben werden.

als sinngemäße Weiterführung einiger klassischen Sätze der Theorie der diophantischen Approximationen, mit der systematischen Bestimmung oder unteren Abschätzung von

$$\min \max_{\nu=m+1,\ldots,m+n} \frac{\left|\sum_{j=1}^{n} b_j z_j^\nu\right|}{M(\nu)}, \tag{5.3}$$

wobei m eine beliebige nichtnegative ganze Zahl, $M(\nu)$ gewisse, aus $|b_j|$ und $|z_j|^\nu$ gebildete definite Ausdrücke („Normen") bedeuten und das min entweder bei festgehaltenen b_j-Zahlen für variable z_j oder bei festgehaltenen z_j-Zahlen für variable b_j zu nehmen ist. Was wir hier benötigen, ist eine dazu *duale* Aufgabe; wir benötigen nämlich die Bestimmung oder obere Abschätzungen von

$$\max \min_{\nu=m+1,\ldots,m+n} \frac{\left|\sum_{j=1}^{n} b_j z_j^\nu\right|}{M(\nu)} \tag{5.4}$$

in dem besonderen Fall, daß

$$M(\nu) = \left(\sum_{j=1}^{n} |b_j|^2 |z_j|^{2\nu}\right)^{1/2} \tag{5.5}$$

ist und die z_j als Variable zu betrachten sind. Aber im Gegensatz zu den meisten entsprechenden Aufgaben (5.3) sind die Variablen z_j jetzt ungewohnten Nebenbedingungen unterworfen, da ohne Nebenbedingungen das fragliche max min $\leqq \sqrt{n}$ ist und Gleichheit für

$$z_1 = z_2 = \ldots = z_n \tag{5.6}$$

erreicht ist. Die Nebenbedingung soll eben diesen Fall (5.6) ausschließen, aber sie muß so beschaffen sein, daß die Aufgabe (5.4) — (5.5) doch behandelbar bleibt. Eine solche Bedingung ist die, daß die z_j-Variablen so „verstreut" liegen sollen, daß jeder Winkel der Größe π/K aus dem Ursprung höchstens N der z_j-Werte enthalte; hier werden K und N als geeignete Funktionen von n gewählt. Nun behaupten wir, daß, wenn N die Maximalanzahl der Vektoren in Winkeln der Größe

$$\frac{2\pi}{K} = \frac{4\pi}{\log 2} \cdot \frac{\log n}{n} \tag{5.7}$$

aus dem Ursprung bedeutet und auch

$$\max_j |z_j| = 1 \tag{5.8}$$

ist, immer für beliebige positive ganze m die Ungleichung

$$\min_{\nu=m+1,\ldots,m+n} \frac{\left|\sum_{j=1}^{n} b_j z_j^\nu\right|}{\left(\sum_{j=1}^{n} |b_j|^2 |z_j|^{2\nu}\right)^{1/2}} \leqq \sqrt{N+2} \tag{5.9}$$

gilt. Wenn man diesen Satz als bewiesen annimmt, so kann man ihn mit

$$m = [\omega], \qquad z_j = e^{i \log j} \tag{5.10}$$

$$j = 1, 2, \ldots, n$$

anwenden; nur N muß man von oben abschätzen. Wenn mit $0 \leqq a < 2\pi$

$$a \leqq \vartheta \leqq a + \frac{4\pi}{\log 2} \cdot \frac{\log n}{n}$$

einen fixierten Winkel von der Größe $\frac{4\pi}{\log 2} \cdot \frac{\log n}{n}$ bedeutet, so müssen wir die Anzahl derjenigen ganzen $j \leqq n$ von oben abschätzen, welche mit irgendeinem l die Ungleichung

$$a + 2\,l\pi \leqq \log j \leqq a + 2\,l\pi + \frac{4\pi}{\log 2} \cdot \frac{\log n}{n},$$

d. h.

$$e^{a+2l\pi} \leqq j \leqq e^{a+2l\pi+\frac{4\pi}{\log 2}\cdot\frac{\log n}{n}} \tag{5.11}$$

erfüllen. Wenn man bei festem l die Anzahl derjenigen Indizes j mit (5.11) mit S_l bezeichnet, so ist die fragliche Anzahl, da offenbar

$$l \leqq \frac{1}{2\pi} \log n$$

ist, nicht größer als

$$\sum_{l \leqq \frac{1}{2\pi}\log n} S_l\,.$$

Da die Länge des Intervalls in (5.11)

$$= e^{a+2l\pi}\left(e^{\frac{4\pi}{\log 2}\cdot\frac{\log n}{n}} - 1\right) < 7\pi\, e^{a+2l\pi} \cdot \frac{\log n}{n}$$

für $n > c_7$, so ist also

$$N < \max_{0 \leqq a < 2\pi} 7\pi\, e^{a} \frac{\log n}{n} \sum_{l \leqq \frac{1}{2\pi}\log n} e^{2l\pi} + \sum_{l \leqq \frac{1}{2\pi}\log n} 1$$

$$< \frac{1}{2\pi} \log n + 7\pi\, e^{2\pi} \frac{\log n}{n} \cdot \frac{n}{e^{2\pi}-1} < 9\pi \log n\,,$$

und der Beweis des Satzes in (4.5) ist damit beendet.

6. Es bleibt also der Beweis des Satzes (5.7), (5.8), (5.9) übrig. Zu diesem Zwecke sei

$$k = \left[\log 2 \cdot \frac{n}{\log n}\right], \tag{6.1}$$

$$h = \left[\frac{\log n}{\log 2}\right].$$

Wir betrachten das Hilfspolynom

$$\Phi(z) = \left(\frac{1 - z^{k+1}}{(k+1)(1-z)}\right)^h. \tag{6.2}$$

Das ist offenbar ein Polynom vom Grade $\leqq n$ mit nicht negativen Koeffizienten e_ν, und es gilt darum

$$\max_{|z|\leqq 1} |\Phi(z)| = \Phi(1) = \sum_{\nu=0}^{kh} e_\nu = 1\,, \tag{6.3}$$

und auch, wie leicht zu sehen,

$$\max_{\substack{|z|\leqq 1\\ \frac{2\pi}{\log 2}\cdot\frac{\log n}{n}\leqq |\arc z|\leqq\pi}} |\Phi(z)| \leqq \frac{2}{n}\,. \tag{6.4}$$

Wir betrachten mit den obigen e_ν-Koeffizienten die Funktion

$$Z = \sum_{\nu=0}^{kh} e_\nu \left|\sum_{j=1}^{n} b_j z_j^{m+\nu+1}\right|^2. \tag{6.5}$$

Einerseits folgt daraus wegen (6.3) und der Nichtnegativität der e_ν

$$Z \geqq \min_{\nu=m+1,\ldots,m+kh+1} \left|\sum_{j=1}^{n} b_j z_j^\nu\right|^2 \geqq \min_{\nu=m+1,\ldots,m+n+1} \left|\sum_{j=1}^{n} b_j z_j^\nu\right|^2. \tag{6.6}$$

Andererseits folgt aus (6.5)

$$Z = \sum_{\nu=0}^{kh} e_\nu \sum_{j_1,j_2} b_{j_1}\bar{b}_{j_2}(z_{j_1}\bar{z}_{j_2})^{m+\nu+1} = \sum_{j_1,j_2} b_{j_1}\bar{b}_{j_2}(z_{j_1}\bar{z}_{j_2})^{m+1}\Phi(z_{j_1},\bar{z}_{j_1})\,.$$

Da $|z_{j_1}\bar{z}_{j_2}| \leqq 1$, folgt aus (6.3) und (6.4) dann

$$Z \leqq \sum_{\substack{j_1,j_2\\ \left|\arc\frac{z_{j_1}}{z_{j_2}}\right|\leqq\frac{2\pi}{\log 2}\cdot\frac{\log n}{n}}} |b_{j_1}|\,|b_{j_2}|\,(|z_{j_1}|\,|z_{j_2}|)^{m+1}$$

$$+\frac{2}{n}\sum_{\substack{j_1,j_2\\ \frac{2\pi}{\log 2}\cdot\frac{\log n}{n}<\left|\arc\frac{z_{j_1}}{z_{j_2}}\right|\leqq\pi}} (|b_{j_1}|\,|b_{j_2}|\,(|z_{j_1}|\,|z_{j_2}|)^{m+1} \quad def. = Z_1 + Z_2\,. \tag{6.7}$$

Für Z_2 folgt

$$Z_2 \leqq \frac{2}{n}\left(\sum_{j=1}^{n} |b_j|\,|z_j|)^{m+1}\right)^2 \leqq 2\sum_{j=1}^{n} |b_j|^2\,|z_j|^{2m+2}\,. \tag{6.8}$$

Für Z_1 haben wir endlich, unter Benutzung der Verstreutheitsvoraussetzung (5.7)

$$Z_1 \leqq \sum_{\substack{j_1,j_2\\ \left|\arc\frac{z_{j_1}}{z_{j_2}}\right|\leqq\frac{2\pi}{\log 2}\cdot\frac{\log n}{n}}} \frac{1}{2}(|b_{j_1}|^2\,|z_{j_1}|^{2m+2}$$

$$+|b_{j_2}|^2\,|z_{j_2}|^{2m+2}) = \sum_{j_1=1}^{n} |b_{j_1}|^2\,|z_{j_1}|^{2m+2}\left(\sum_{\substack{j_2\\ \left|\arc\frac{z_{j_1}}{z_{j_2}}\right|\leqq\frac{2\pi}{\log 2}\cdot\frac{\log n}{n}}} 1\right) \leqq N\sum_{j=1}^{n} |b_j|^2\,|z_j|^{2m+2}\,. \tag{6.9}$$

(6.7), (6.8) und (6.9) beenden nun den Beweis.

7. Schließlich wende ich mich kurz den drei weiteren Fragenkomplexen zu, die durch Heranziehung *endlicher* DIRICHLET-Polynome gefördert werden. Bekanntlich ist es zuerst H. BOHR gelungen, zu zeigen, daß $\zeta(s)$ und $1/\zeta(s)$ in der Halbebene $\sigma > 1$ nicht beschränkt sind. Seine sinnreiche arithmetisch-analytische Methode begegnet aber Schwierigkeiten, wenn man ähnliche Sätze im kritischen Streifen beweisen will, und diese wurden erst durch die sinnreichen Methoden von BOHR, LANDAU und LITTLEWOOD überwunden. Eine einheitliche Behandlung dieser Fragen ist aber möglich z. B. durch systematische Anwendung der RIESZ-Mittel

$$R_n(s) = \sum_{m=1}^{n} \left(1 - \frac{\lambda_m}{\lambda_n}\right) a_m\, e^{-\lambda_m s}$$

der Reihe (2.15). Um den Grundgedanken nur im allereinfachsten Falle zu erwähnen, gilt in der Halbebene der absoluten Konvergenz die Darstellung

$$R_n(s) = \frac{1}{\pi} \int_{-\infty}^{\infty} f\left(s + \frac{2\,i\,v}{\lambda_n}\right) \left(\frac{\sin v}{v}\right)^2 dv\,,$$

woraus gleich folgt, daß hier

$$\inf_t \operatorname{Re} f\,(\sigma_0 + i\,t) \leqq \inf_t \operatorname{Re} R_n\,(\sigma_0 + i\,t) \leqq \sup_t \operatorname{Re} R_n\,(\sigma_0 + i\,t)$$
$$\leqq \sup_t \operatorname{Re} f\,(\sigma_0 + i\,t)$$

für *jedes* ganze n. Eine Anwendung dieser Ungleichung in umgekehrter Richtung ergibt, daß, wenn man für ein beliebiges n t^*-Werte so wählen kann, daß $\operatorname{Re} R_n\,(\sigma_0 + i\,t^*)$ „groß“ ist, es auch t'-Werte gibt, mit dem $\operatorname{Re} f\,(\sigma_0 + i\,t')$ noch größer ist. Für $\operatorname{Re} R_n\,(\sigma_0 + i\,t)$ kann man aber nach dem BOHRschen Vorbild (geistreiche Benutzung des DIRICHLETschen Schubfachschlusses) leicht solche t^*-Werte finden. Da ich aber diesen Gegenstand schon in der M. RIESZ-Festschrift besprochen habe [3], beschränke ich mich in diesem Zusammenhang nur auf die weitere Bemerkung, daß dabei interessante arithmetische Eigenschaften derjenigen t-Werte erscheinen, welche in dem „*kritischen Streifen*“ verschiedene Ω-Abschätzungen realisieren. Ferner erwähne ich die Lückensätze der WEIERSTRASSschen Funktionentheorie, die meine schon erwähnten Methoden durch Benutzung passender *endlicher* DIRICHLET-Polynome ergeben. Endlich erwähne ich die Summationstheorie der Potenz- und DIRICHLET-Reihen in diesem Zusammenhang, die vielleicht das einzige Gebiet ist, wo endliche DIRICHLET-Polynome schon früher systematisch benutzt wurden.

Diese Beispiele zeigen einerseits klar die Wichtigkeit der Untersuchung der Fragen über endliche DIRICHLETsche Reihen, andererseits, daß die Ideen von DIRICHLET auch noch jetzt, nach mehr als hundert Jahren, frisch und wirksam sind und neue Probleme und Methoden hervorbringen können. Sein Ruhm kann nur durch Atombomben zusammen mit der ganzen Menschheit zerstört werden.

LITERATUR

[1] On some approximative DIRICHLET-polynomials in the theory of the zeta-function of RIEMANN. Det. Kgl. Danske Vid. Selsk. Mat.-Fys. Medd. **24** (1948) 2–36.

[2] A disproof of a conjecture of Pólya. Matematika **5**. Part. 2. No. 10 (1958) 141–145.

[3] On an application of the typical means in the theory of the zeta-function of Riemann. Comm. du sémin. math. de l'Univ. de Lund, tome supp. (1952) dédié a M. RIESZ, p. 239–251.

Einige Anwendungen der Galoisschen Theorie auf Diophantische Gleichungen

Von I. R. Schafarewitsch (Moskau)

Für einen beliebigen Körper k betrachten wir die Galoissche Gruppe $\mathfrak{G}$ seiner separablen algebraischen Abschließung und einen endlichen $\mathfrak{G}$-Modul A.

Man kann beweisen, daß die erste Kohomologiegruppe $H^1(\mathfrak{G}, A)$ (man betrachtet nur stetige Coketten) in folgender Weise in der Ausdrucksweise der Theorie der endlichen Erweiterungen von k interpretiert werden kann. Es sei $\mathfrak{N}$ der Normalteiler von $\mathfrak{G}$, der aus den Elementen besteht, die auf A trivial wirken, k_A die Erweiterung von k, die zu $\mathfrak{N}$ gehört, und $F = \mathfrak{G}/\mathfrak{N}$ die Galoissche Gruppe von k_A/k. Man kann also A als F-Operatorengruppe ansehen.

Nun betrachten wir alle endlichen normalen Erweiterungen K von k, die k_A enthalten und folgende Eigenschaften haben:

1. Die Galoissche Gruppe von K/k_A ist als F-Operatorengruppe isomorph zu A.

2. Die Galoissche Gruppe von K/k ist eine zerfallende Erweiterung von A mit F.

Dabei verstehen wir unter „normalen Erweiterungen" nicht nur Körper, sondern auch „Galoissche Algebren" [1], und in den Begriff der zerfallenden Erweiterung G schließen wir eindeutig bis auf den Übergang zum Konjugierten gegebene, zu F isomorphe Untergruppen $F' \subset G$ ein, für die $G = F' A$ ist.

Es ist leicht einzusehen, daß alle normalen Erweiterungen, die den Bedingungen 1 und 2 genügen, eine Gruppe bezüglich einer Operation bilden, die in natürlicher Weise definiert wird.

Satz. Die soeben konstruierte Gruppe ist isomorph zu $H^1(\mathfrak{G}, A)$.

Dieser Satz läßt sich in folgender Weise auf die Theorie der abelschen Mannigfaltigkeiten anwenden. Es sei α eine abelsche Mannigfaltigkeit und $\mathfrak{H}_n$ die Gruppe der homogenen Prinzipalfaserbündel mit der Gruppe α, die die Periode n haben [2], und α_k die Gruppe der bezüglich k rationalen Punkte von α. Dann ergibt sich die exakte Folge

$$0 \to \alpha_k/n\,\alpha_k \to H^1(\mathfrak{G}, \mathfrak{a}_n) \to \mathfrak{H}_n \to 0\,;$$

wobei $\mathfrak{a}_n$ die Gruppe der Punkte mit der Periode n auf α bedeutet [3].

Der oben formulierte Satz ermöglicht es, die Gruppe $H^1(\mathfrak{G}, \mathfrak{a}_n)$ als eine Gruppe von Erweiterungen von $k_{\mathfrak{a}_n}$ mit zerfallender Galoisscher Gruppe über k zu interpretieren und bekannte Konstruktionsmethoden solcher Erweiterungen anzuwenden. Auf diesem Wege kommt man leicht zu einheitlichen und natürlichen Beweisen der Eigenschaften der Gruppe $\mathfrak{H}_n$, die in den Arbeiten [3] und [4] angegeben sind, und auch zu einigen neuen Ergebnissen.

LITERATUR

[1] HASSE, H., Math. Nachr. **1** (1948) 40–61.
[2] WEIL, A., Amer. J. Math. **77** (1955) Nr. 3.
[3] SCHAFAREWITSCH, I. R., Doklady **114** (1957) 714–716. (Russisch).
[4] SCHAFAREWITSCH, I. R., Doklady **124** (1959) 42–44. (Russisch).